ひとり出版入門 つくって売るということ

高彩雯 譯

一人出版

做自己想做的書，
從企畫、編輯、印製
到行銷的完全指南

宮後優子

一人出版：自由，作為給予讀者的禮物

丁名慶（資深出版人）

這是一本有所等待的書。它等待的，或許是台灣出版一本屬於自己、相同題材（明快、扼要地提供出版產銷流程所需基本知識）的書。同時它雖以「一人」為題，卻也是一幅當代日本出版現場的運作模式縮圖，讓我們藉以聯想或好奇，台灣的情況是如何。

目前台灣每年的實體書出版量依然驚人，實際上也已頗有一些一人出版者的心血結晶加入其中了，且不時有亮眼表現。不過，關於出版領域的相關作品、工具書乃至於刊物，仍是相當稀缺的；已出版的作品，泰半集中關注作者養成與編輯實務，就是前端「做書」的部分，還有一小部分會談及產業環境、市場趨勢、從業心理調適或生存指南——只是多數以個別課題或案例描述，或是有所顧慮（大家都這麼辛苦了）而顯得曲折隱晦。諸多不透明、主觀、瞬息萬變（譬如本書中也提及的，時時變動的紙價），牽涉許多環節、權力位階與利害顧慮，或許也間接導致，一本清晰客觀的出版人「做什麼」、「怎麼做」的實務工具書，遲遲難以誕生。此時本書《一人出版：做自己想做的書，從企畫、編輯、印製到行銷的完全指南》縮

小規模、放眼域外地來看出版，或許算是一個契機，平實地呈現了出版人面對的各種超越極限日常。

如果你還夢想著自由

　　這本小書，並不倡議或畫餅，也非回溯過往，述說一人出版在日本的現狀與發展脈絡。它主要是梳理經驗，提供「決心試試看」、「仍有個人出版夢」的人，必要的現場知識與資訊；以及在付諸行動之前、過程中，必須經歷的選項和誠實檢視。

　　尤其關鍵的提醒——就算如願擁有更多主導權、壓低人事與庶務成本，但你能扛得住因此大幅增加的各種有形無形勞務成本？——與多人體制的專業分工相比，一人出版這頭洗下去，就有更多瑣事要做要管了。還有，當所有事務皆繫於此的這「一人」出問題（例如生病）的話，怎麼維持運作？

　　不過，老天爺畢竟眷顧每個「一人」，必定使之在這個按部就班「實際做做看」的途中快速成長：不論有沒有實際出版經驗，肯定越來越清楚，提出問題的適切邏輯，或如何尋訪適合的諮詢與求助對象。也必定更能覺察，一人出版的重中之重，也像其他獨立創業，不在自由選擇的任性權力，更在於自律與計畫的落實、持續產出，守護做選擇的自由。

　　這邊或可岔出來說，雖然這本書是關於出版的實用工具

書，且非常適合與例如獨立出版人陳夏民《飛踢，醜哭，白鼻毛》的創業甘苦談、訪問日本的一人出版者們談投入產業的契機、個別關注、現實拉鋸的《一個人大丈夫》（以及剛出版、訪問多位韓國獨立出版者的《做書的人》）合併閱讀，以便審慎些評估代價與收穫；且極適合放在創業指引如《一人公司》或企畫提案實踐《編輯的創新與創業》這類更突顯「（自由就是）有能力做自己想做的事」的脈絡來讀，順應環境，邊做邊學習、調整。

創造市場的新可能性

而由一人的「自由」進一步想，一人出版的真正價值，正是在個人關注與興趣的延伸線，因為可能更熟悉、在意某個特定專業或次文化領域小眾的需求和期待（這也常成為該出版者的主要形象定位），得以深化、聚焦服務動機，尋求適合、獨特的製作條件，且更精準判斷、拉長行銷時程，而更有餘裕地吸聚讀者，於是更有機會創造出傳統中大型出版社未必願意投入更多精力把握、甚至早早棄守，經銷體制則始終被動觀望的新市場——就算規模未必多大。

而與此相對的，在上述的個別優勢基礎上，則須在心裡放本筆記，仔細評估目標領域能連動多少實際資源，後續如何持續開發與成長。至少有個底：這個目標領域有哪些值得做的題目還沒做出來？哪些需求沒被正視和發現？以及，初期能有多

少可執行的書單與適任作者？打擊線可順利呼應連貫？

不過，台灣的情況又有一點複雜，且不同於日本。主要是因為台灣市場規模小很多，有規模的各社出書變現的需求數量高，使得一些題材冷僻或小眾的作品，仍有機會透過中大型出版社經手問世，這多少有點亂槍打鳥的意思，但因受制於經銷慣例的短期強推模式，未必能以較從容、為各書量身訂製的步調與時程來銷售，這或許會排擠更合適操作該作品的小型出版社爭取出版權的機會（另外則是有些作者也可能傾向與較具知名度與優渥條件的出版者合作），還錯失更細緻地開發某領域小眾讀者的機會。這或許是台灣一人出版的隱憂之一。

不只是一個人

此外，今天的出版，尤其是一人出版，有可能屬於另一些計畫（例如較大規模的標案或地方節慶活動）的一部分；或是藉以統整某計畫的各部分。這也呼應了書中未多說，其實時時提醒著，一人出版不論是作為個人職涯或傳統出版風景充滿可能性的新起點，仍與許多的人相連著，關係甚至比「還不是一個人」時更緊密複雜，考驗智慧與情商。

這也牽涉到怎麼更好地活用這本小書作為事業輔助——不是書給予人什麼，而是人如何使用、詮釋書？——譬如，哪些事務環節，更需要你主動接觸他人，尋求諮詢或機會？怎麼看

待與他人人生的交會，拉長時間與視野，你與合作者們，各自想實現、獲取什麼，藉由出版祝福什麼？……

還有，你能否適時覺察，誰（也可能是自己）在哪個部分（比如工作量或者績效）失去自由了嗎，要怎麼給予支持或補救？這些問號，也很適合所有同業不時擱在腦袋裡自我答辯一番，成為更好、更自由的「人」——不論出版這條路各自會走到哪裡，都是給予自己和讀者的祕密贈禮。我也由衷期盼，來日能有更多的一人出版探險歷程、經驗交流、行動體會被記錄下來，進而促成互相支持、激盪玩耍的網絡，催生台灣當代自己版本的《一人出版》。

序言

為什麼一人出版社變多了呢？

　　如果能隨心所欲製作自己想做的書，是多麼愉快啊？編輯、寫手、作者、譯者、設計師、插畫家、攝影師、印刷從業者，跟做書有關的人，也許都曾想過這件事。自己想寫的文章、希望放進去的圖像、喜歡的設計，創造出匠心獨具的書……

　　類似同人誌的集子並不難做，可是在商業出版的前提下，做書必須謹守出版時程，抓緊製作成本，我們常常會惋惜「如果能讓我稍微延後發行時間……」「明明把錢花在製作成本上就能做出更好的書……」

　　實際上，出版社發行書籍，必須確認出版這本書能不能賺錢，因為公司現金流的問題，有時不得延後發行日期，或是為了確保一定的獲利，不太能在製作上花大錢，這都是常見的。而緣於出版社的考量，改變書名或設計，調整價格或發行數量等，也是不時發生的。有時候會改成賣相更好的書名，或是調大字體，加上一些來自作者或設計師的更動。如果調整後即能因此暢銷就太好了，然而一旦賣不好，所有人只會覺得徒勞。

　　是出於對這種情況的反作用力嗎？想要做一種書，從製作

到通路，做書的人全程一手掌控，做出自己打從心底肯定的書，讓作者和讀者都滿意的書——因為這樣的想法而從事個人出版的人，最近越來越多了。也就是被稱為「個人出版」或「一人出版」的行業。即使是一人作業也能活用的書籍流通架構逐漸形成，而且利用SNS更容易發布出版資訊等，成了個人出版的助力[1]。

尤其藝術或設計類，著重視覺圖像、講究裝幀製作的書籍也越來越多。這種書籍多半難以估算銷量，因為製作成本高，在一般的傳統出版社，很難盈利；而比較能靈活應變的個人出版，反而容易處理。如果是個人出版，傾向這麼想——「這本書也許不會賺什麼錢，但是下一本書要出了，就以年度會計來調整收支吧。」行動模式較為柔軟。多數出版社因為必須謹守已經確定的製作成本和時程，即使想要「有更柔軟的做書方式」，就現狀來說還是相當不容易。

也因為如此，我在2018年成立了藝術書的一人出版社。發行的第一本書籍是繪本《兔子聽到的聲音》。說是繪本，卻不是兒童專屬，而是大人的藝術書，書的分類是藝術類。是透過印刷技術再現木版畫家的纖細作品，每一本都仔仔細細手工

1　SNS，social networking service，指社群網路服務平台，如 Facebook、Instagram、YouTube 等。

製作。因為是全手工，花了很多時間和預算，但做出了我能肯定的成品。得到那些想買精心製作的書籍的讀者和客人的支持，一千本幾乎賣光了。

這種書，在一般出版社裡，不符合成本計算，提案企畫也過不了。而在一人出版社，卻可以在咖啡店等書店以外的店家販賣，或是企畫畫展，和原圖作品一起銷售，實現多元的販售方式。說是一人出版社才能推出的一本書也不為過吧。

開始一人出版之後，越來越多人前來諮詢，像是「我也想開始做出版，能告訴我怎麼準備嗎？」「以前出的書絕版了，想要拿回版權，自己出版。」編輯和設計師等從事書業工作的人們，也來探問「我雖然知道怎麼做書，但是不明白出版通路系統，請教教我。」我自己也長期擔任出版社的編輯，一路做書，但一旦開始經營出版社，發現自己也不熟悉出版通路和怎麼跑書店業務，盡是不明白的事。很多比我更早開始從事一人出版的前輩教導了我很多，不過我在資訊蒐集上仍吃了不少苦頭。因為曾經幻想「如果有這樣一本書，一定會更輕鬆吧。」所以試圖把自己當時想要的資訊整理成一本書。

因此，這本書，不是關於編輯123的那種書，而是為了「想自己做書，在全國書店或網路上架販賣的人」所寫的書。適合想要跟現有出版社一樣，從事出版事業的人。我會詳細解

釋，創設一人出版社時，必需的知識和具體的流程。

第1章「如何做書」裡，我將成書過程分成30道工序，具體說明每道工序各自必要的事項。從擬定計畫到書籍發行，一一介紹書本從製作到發行的各項必要過程。在出版講座上，我常被詢問翻譯出版的實務問題，我也為此加上了解說。做書必須多項工作同步進行，因此掌控整體流程並管理進度至關重要。這些也是當心頭浮現「那接下來要做什麼呢？」時的確認清單。

番外篇，我會解說翻譯出版的程序。說明取得國外書籍版權、發行日文版的情況；以及相反的，把日本出版書籍的版權賣到海外的實際工作。

第2章，「如何賣書」裡，會說明書籍流通的方法。從簡單入門到進階難題，因應書籍的內容和出版形式，思考選擇什麼樣的通路。除了紙本書，也解釋推出電子書的狀況。

第3章，「一人出版社的經營」裡，我採訪了各種類型及風格的一人出版社，具體整理他們的營運模式。了解目前一人出版社的實際情形，對想開始的各位，應該會是很好的參考。

另外，印刷廠的介紹、用紙等材料、預防物流過程中的髒

污，或是控制運費的訣竅等，我也將經營出版社的各種實用資訊整理成BOX供各位參考。

由於我負責的類別是藝術書，所以執筆時設想的是藝術、設計、插畫、攝影等以圖像為主的書籍的製作。這些書，不可避免地，和由個人執筆的書籍相比，製造成本偏高。因此本書以能夠自己創造內容的各位作為預設讀者，例如編輯、作者、譯者、設計師、創意者等。這些是可以獨立從事專門領域工作的人，大前提是成本的控制。如果希望全部委外，或是有意藉由出版提升知名度並運用在商業上的人，說不定會認為本書「和期待的內容不符」。總之，做書的人做出自己衷心滿意的書，傳遞給想閱讀這本書的讀者，推出在傳統出版產業中難以發行的書，這就是本書的目的。如此一來，精心製作的書籍將越來越多，讀者越來越多，發行問世的書越來越多；一人出版變多，多元化的書籍得以增加，出版文化就能更形豐饒——這是本書作者的心願。

這本書並非一味勸人盲目地開始一人出版，也很誠實地寫下自己開始做書後實際遭遇的困難。還特別整理了繼續從事出版工作所需金錢等具體事項。實際上，為了維持出版事業，更善於規畫和經營管理是必要的。

與其不負責任的推大家一把，讓人以為「讀了這本書，我

明天也可以開始做出版」，不如說我在其中寄託了「開始前要好好思考」的心情。即使已經成書，在前線銷售時受到挫折的人也不少。一旦出版，只要這本書還在市場上，就必須一直銷售。真的能持續嗎？投身這個工作，必須正視自己是否有繼續下去的覺悟和責任感。

「即使如此，我也想做書。」如果您是這樣想，本書肯定能幫上忙。接下來想成為編輯，或是想著總有一天會經營一人出版的人，也務必一讀。以自己想要的方式創造出書籍，這種自由，無可取代。請您親自體驗看看這樣的樂趣。

＊本書介紹的資訊（日本方面）是截至 2022 年 7 月。
＊實際條件可能發生變化，請務必確認最新資訊。

目次

中文版導讀　一人出版：自由，作為給予讀者的禮物……………… 3

序言　為什麼一人出版社變多了呢？…………………………………… 9

第 1 章　如何做書 ……………………………19
製作書籍的過程………………………………21

1｜　擬定計畫 ……………………………23

2｜　和作者開會 …………………………27

3｜　寫企畫書 ……………………………31

4｜　計算成本 ……………………………46

5｜　確定企畫內容 ………………………52

6｜　做落版單，規畫時程 ………………53

7｜　請作者寫稿 …………………………55

8｜　整理稿件 ……………………………56

9｜　安排拍攝照片 ………………………57

10｜　委託設計師設計內頁 ………………59

　　　BOX：如何尋找設計師 ……………61

11｜　申請 ISBN …………………………63

12｜　委託設計師設計封面 ………………67

13｜　訂製白本樣書 ………………………71

14｜　確定用紙，計算印製成本 …………74

　　　BOX：控制成本，做出美書的訣竅 …76

　　　BOX：在書店店面流通時最好避免的製本……85

15｜作者、編輯校對 …………………………………… 87

16｜專業校對者校對 …………………………………… 89

　　BOX：如何尋找校對和譯者 ………………… 91

17｜編排修訂文字和圖像 …………………………… 93

18｜決定定價，製作新書預約單 ………………… 94

19｜接收訂單，確定印量 …………………………… 97

　　BOX：到書店跑業務 …………………………… 99

20｜登錄書籍資料 ……………………………………… 100

21｜發稿給印刷廠 ……………………………………… 102

　　BOX：如何取得紙樣 …………………………… 110

　　BOX：如何選擇印刷廠 ……………………… 113

22｜確認彩色打樣 ……………………………………… 117

23｜將彩色打樣交還印刷廠（校完） ………… 120

24｜製作電子書（如果有必要的話） ………… 125

25｜確認毛裝本或樣書 ……………………………… 128

26｜寄送樣書給製作相關人士和媒體 ………… 129

27｜行銷活動（撰寫活動企畫和新聞稿） … 130

28｜收請款單，處理付款 ………………………… 136

29｜到書店巡查 ………………………………………… 142

30｜注意發行後的銷量，適時追加訂單………… 144

　　BOX：書款進帳的期限 ……………………… 147

　　BOX：做直營網站的方式 ………………… 148

　　BOX：降低書籍運費的訣竅 ……………… 150

BOX：倉儲 ······································· 152

番外篇　翻譯出版 ······················· 153
翻譯書的出版流程 ····················· 154

1｜取得想翻譯的原書和 PDF 檔案 ··········· 155

2｜向原書出版社詢問版權並提案 ············ 156

3｜取得版權後的簽約與付款 ·············· 159

4｜製作翻譯書並接受原書出版社的審查 ········ 162

5｜出版翻譯書 ······················· 164

第 2 章　如何賣書 ······················ 167
在書店流通之必要 ····················· 168
發書到書店的流程 ····················· 171
決定出版品發行方式 ··················· 174

1｜出版社直售（直營網站，辦活動販賣） ······· 175

2｜跟別的出版社借用出版碼（借碼） ········· 177

3｜和 Amazon 直接談委賣（e 託） ·········· 180

4｜直接和書店交易 ···················· 182

5｜委託 Transview 經銷發行 ·············· 184

6｜透過中小型經銷商發行 ················ 187

7｜透過大型經銷商發行 ················· 189

電子書的流通 ⋯⋯⋯⋯⋯⋯⋯⋯⋯⋯⋯⋯ 192

BOX：Book & Design 的情況 ⋯⋯⋯⋯⋯ 194

BOX：圖書館訂書 ⋯⋯⋯⋯⋯⋯⋯⋯⋯⋯ 204

第 3 章　一人出版社的經營 ⋯⋯⋯⋯⋯⋯ 205

問卷調查 ⋯⋯⋯⋯⋯⋯⋯⋯⋯⋯⋯⋯⋯⋯ 206

Be Nice ⋯⋯⋯⋯⋯⋯⋯⋯⋯⋯⋯⋯⋯⋯⋯ 208

烏有書林 ⋯⋯⋯⋯⋯⋯⋯⋯⋯⋯⋯⋯⋯⋯ 210

西日本出版社 ⋯⋯⋯⋯⋯⋯⋯⋯⋯⋯⋯⋯ 212

余白舍 ⋯⋯⋯⋯⋯⋯⋯⋯⋯⋯⋯⋯⋯⋯⋯ 214

日溜舍 ⋯⋯⋯⋯⋯⋯⋯⋯⋯⋯⋯⋯⋯⋯⋯ 216

Kotoni 社 ⋯⋯⋯⋯⋯⋯⋯⋯⋯⋯⋯⋯⋯⋯ 218

Mizuki 書林 ⋯⋯⋯⋯⋯⋯⋯⋯⋯⋯⋯⋯⋯ 220

Book & Design ⋯⋯⋯⋯⋯⋯⋯⋯⋯⋯⋯⋯ 222

相關網址清單 ⋯⋯⋯⋯⋯⋯⋯⋯⋯⋯⋯⋯ 228

參考文獻 ⋯⋯⋯⋯⋯⋯⋯⋯⋯⋯⋯⋯⋯⋯ 235

結語 ⋯⋯⋯⋯⋯⋯⋯⋯⋯⋯⋯⋯⋯⋯⋯⋯ 238

第 1 章

如何做書

手上拿著這本書的您，應該是「我也想試著做書」「想開始從事出版工作」的人。或許，有過出版書籍編輯經驗的人比較容易開始；而若所參與的部分不那麼全面，例如寫作者或美術設計師，可能比較難掌握書籍製作的整體樣貌。

　　為了讓大家一開始就能對書籍製作有整體的想像，本書決定具體說明我們編輯製作書籍的一般過程。一一拆解做書的流程，分類成30道工序。有時會同時進行多項工作，不過如果能照著這個流程依序進行，應該就能做出書來。

製作書籍的過程

在這一章，關於做書流程裡的30道工序，我會一一加以說明。做書，首先要掌握整體流程，擬定發行時程。為了同時進行一個以上的工作，這些流程是否能順暢無礙地進行，確認執行的狀況是很重要的。這30道工序如下：

1. 擬定計畫
2. 和作者開會
3. 寫企畫書
4. 計算成本
5. 確定企畫內容
6. 做落版單，規畫時程
7. 請作者寫稿
8. 整理稿件
9. 安排拍攝照片
10. 委託設計師設計內頁
11. 申請 ISBN
12. 委託設計師設計封面
13. 訂製白本樣書
14. 確定用紙，計算印製成本
15. 作者、編輯校對

16. 專業校對者校對

17. 編排修訂文字和圖像

18. 決定定價，製作新書預約單

19. 接收訂單，確定印量

20. 登錄書籍資料

21. 發稿給印刷廠

22. 確認彩色打樣

23. 將彩色打樣交還印刷廠（校完）

24. 製作電子書（如果有必要的話）

25. 確認毛裝本或樣書

26. 寄送樣書給製作相關人士和媒體

27. 行銷活動（撰寫活動企畫和新聞稿）

28. 收請款單，處理付款

29. 到書店巡查

30. 注意發行後的銷量，適時追加訂單

我們就依序看流程吧。

1 | 擬定計畫

　　做書，第一個工作就是「擬定計畫」。從模模糊糊「想做出這種書」的階段開始，接著具體地描繪出「這本書是針對什麼樣的讀者做的」「做書大概需要多少錢，有多少人會買，會不會賺錢」的願景。

　　「我想做這種書！」如果作者或編輯的想法太過強烈，很容易忽視讀者，流於自嗨的計畫。因此有必要非常具體、精準確實地想像出「實際成書之後，什麼樣的人會買」，也可以去詢問「可能會買這種書」的熟人。請不要忘記重要的觀點：「讀者想要什麼樣的書。」

　　然後思考「作者想表現的」和「讀者需要的」之間的平衡。只重視作者想法的書，容易造成讀者的缺席；而一味優先考慮讀者，作者可能會無法完全發揮實力。尋求兩者都能接受的平衡點，然後客觀地調整計畫內容，把書商品化，是編輯的工作。

　　譬如，在製作某位插畫家作品集的時候，是要放上畫家所有作品呢？還是取其精華呢？還有，要依時間順序整理作品嗎？還是以主題分類呢？是作者的第一本書，還是第二本之

後？這些都必須思索。要思索怎麼安排架構，才能讓作者和讀者都滿意。例如作品集之類的書籍，必須翔實地再現作者的世界觀，不能讓讀者（作者的粉絲）感覺「不符合原來的期待」。

而如果是建築師的作品集，因為可能主要是同業買來當作參考資料，比起按照時序，依不同建築種類編排，對讀者來說，應會比較好用。如果是擁有特定粉絲的藝術家的作品集，為了長年的支持者，也許按照時間順序介紹作品會更好。讀者想要什麼非常重要，必須清楚思考後再擬定計畫。

〔類似書籍的調查〕

計畫的大綱大致決定好了，就可以開始調查類似書籍的發行狀況。方法包括到書店店面調查，以及查看連鎖書店的 POS 系統資料[2]。

首先，完成新書計畫後，搜尋同一位作者和相同領域的類似書籍。盡量到大型書店，看看相同類別的書架。暢銷書會擺放在平台（位於書店入口，陳列新書和暢銷書的展示平台）或顯眼的地方，可以藉此確認什麼書賣得好。比起在網路檢索，直接到實體店鋪查看，能馬上確認書籍的實際銷售狀況，非常

2　POS，point of sale，銷售情報管理系統，零售業掌握銷售資訊的系統。台灣書店和經銷商目前多未對外提供 POS 的查詢服務。

方便。在書店快速瀏覽，就能大致掌握市面上出了哪些類似書籍，在店裡是怎麼販售的。詢問書店店員的意見也很有效。

接下來看看連鎖書店蒐集統計的 POS 資料，調查類似書籍的銷售狀況。業界經常參考的是紀伊國屋書店的 PubLine 和丸善淳久堂書店的うれ太等，使用這些工具，可以知道各家連鎖書店哪本書賣了幾冊之類的詳細數字。此外，還有經銷商（書籍通路公司）蒐集計算的 POS 資料。主要的 POS 資料服務如下（查看 POS 資料必須事先申請，並支付每個月的使用費）。

▶日本主要 POS 資料服務

- KINOKUNIYA　PubLine（紀伊國屋書店）
  https://publine.kinokuniya.co.jp/publine/

- POSDATA　うれ太（丸善淳久堂書店）
  http://www.junkudo.co.jp/

很多出版社會查詢這類 POS 數據資料，調查類似書籍的銷量，作為擬定計畫時的參考。如果類似的書籍完全賣不出去，即可能這類出版品本來就沒什麼讀者，也許就要重新研擬計畫。如果出版社有些類似書籍能賣，有些賣不出去，或許可以推想，這個類型雖然有讀者，但因為書籍內容、出版社的行銷能力、發行時機等，在銷售量上出現差距。像這樣，在參考統

計數據的同時，提升自己擬定企畫書的精準度。

　　不過，這些資料僅供參考。有些書以前好賣，現在卻賣不出去，相反的情況也會發生。即使是內容相同，因為時代不同，銷售方式有很大的差異，所以最好不要過度依賴數據。查詢統計資料，以及請教他人的意見很重要，然而是否出版，最終還是只能自己判斷。

2 ｜和作者開會

　　研究了類似書籍，感覺「這應該能做！有讀者吧！」就和作者見面。如果是作者親自帶企畫過來談──也有在調查類似書籍之前，就先和作者見面的狀況，這樣的話，要先詢問作者的期望，確認對方想寫的內容。而如果是自己擬定計畫，委託執筆的話，就先向作者說明為什麼找對方寫這本書。和作者開會討論的內容如下：

- ．簡要來說，這是什麼樣的書呢
- ．具體的提案架構
- ．目標讀者
- ．書的規格（開本大小和頁數）及對書的想像
- ．書的價格區間
- ．出版時間、製作排程
- ．支付給作者的酬勞
- ．出版合約內容的確認
- ．製作團隊（設計師和印刷廠等）

　　開會的主要目的，是讓作者和編輯調整各自的想法，思忖要做出什麼樣的書。如果放任彼此不同的想像就啟動，後續會很麻煩。在這個會議階段，不需確定詳細的架構，只要得知足

以統整出企畫書的資訊就可以了。在確定大致的方向和內容之前，可能需要跟作者開很多次會。

〔酬勞支付〕

要特別留意的，是關於酬勞的支付。隸屬於出版社的編輯，出版計畫在公司內部會議上正式通過之後，會跟作者討論支付的條件；若是一人出版，決定出版後，有必要初期就跟作者討論實際支付條件。是版稅制呢（以書籍冊數計算支付給作者的金額），還是稿費制，支付時間是在書籍發行後第幾個月等。

版稅是以書籍本體價格的百分比來設定[3]，再刷（第二次之後的印刷）後，以實銷冊數（實際賣出的冊數）支付版稅。若是個人著作或是多人合著，會支付版稅；而像雜誌有多名寫手，一般來說只會在初版（首次印刷）時支付已經談妥的稿費。合著時，因為執筆人數眾多，若各自簽約並支付版稅會很繁雜，且除以人數的話，每個人分得的版稅都不多。論文集或雜誌，涉及多名執筆者，多會選擇支付稿費。請事先與所有作者溝通，告訴他們支付稿費的理由和每個人的金額，並徵得所有人的同意。如果支付版稅或稿費都行的話，也可以和作者討論後決定。

3　日本的消費稅是外加，本體價格指的是稅前價格。

如果一開始未告知作者大概金額和支付時間，後續很可能引發糾紛，請務必注意。如果必須計算成本後（頁44）才能確知要支付給作者多少錢，請告訴作者「計算成本之後，再和您討論付款的相關事宜」。實際編輯製作之前，交給作者初擬的出版合約（還沒寫上定價和冊數的合約），先得到對方同意，確認簽約條件，這樣比較安全。

版稅又分成預付版稅和實際銷售版稅。預付版稅是不管書賣得好不好，都會支付初版印刷冊數的版稅。實際銷售版稅，是只支付實際銷售冊數的版稅金額，用於初版時不太能支應須付版稅的情況。採取預付版稅或是實際銷售版稅，由出版社決定，也可每次出書時與個別作者討論後決定。

若是預付版稅，有在初版發行時，支付首刷全部印刷冊數的，也有先支付首刷冊數的50% ～ 70%，之後再依銷售量結算支付的。首刷的書很少能全部賣掉，所以首刷冊數的50% ～ 70%是頗實際的設定。如果按首刷冊數的50% ～ 70%支付版稅，請務必先取得作者的理解。若作者誤以為「還以為出版社會付首刷冊數的金額，卻沒付款。」容易引發糾紛。最好也預先決定二刷（再刷）之後的做法。再刷後可能維持同樣的版稅率，也可能提高版稅率[4]。為了讓作者能開心地寫稿，充分溝

4　在台灣，出版社有時會採行銷售量一旦達某個數字後即提高版稅率的方式。

通是很重要的。

　另一方面，稿費則和版稅不同，基本上再刷後不會再支付稿費。因為多數不會簽約，為免造成後續麻煩，以書面和作者說明是重要的，確認彼此都能同意。

　確認支付細節以後，就擬定出版合約。在這個階段，往往定價和冊數欄先空著，冊數決定以後，再擬正式合約。出版合約可以從日本書籍出版協會的網站下載（有紙本、電子、紙本+電子三種）。

· 出版合約初擬範本（日本書籍出版協會提供）
　https://www.jbpa.or.jp/publication/contract.html

3 ｜ 寫企畫書

　　和作者開完會，並了解書籍大綱梗概之後，就要制定企畫書。一人出版社因為沒有公司會議，企畫書並非絕對必要。那為什麼還要寫企畫書？因為在制定企畫書的過程中，可以確認是不是有曖昧不明的地方，以及便於將企畫內容傳達給委託工作方，所以企畫書依然是必須的。

　　企畫書格式因不同出版社而異，我會大概依照以下項目，製作企畫書。

▶企畫書項目

① 書名

② 作者及簡歷

③ 規格（書籍尺寸、頁數、印刷色數等）

④ 預估價格、冊數

⑤ 出版日期、排程

⑥ 類型

⑦ 目標讀者

⑧ 企畫意向

⑨ 同類書籍及其銷量、彼此差異（做出差別）

⑩ 全書架構、目次提案

《「美書」的文化誌》企畫書

出版企畫書

2019/12/01
Book & Design

1）書名　2）作者、作者簡歷

《「美書」的文化誌──一百一十年的裝幀系譜》
臼田捷治著（設計記者、《設計》前總編輯）

3）規格　4）預估價格、冊數

四六版開本、圓背精裝，336 頁（全彩插圖 16 頁，黑白內頁 320 頁）
印刷本數 2000 冊，本體價格 3000 円 ＋ 稅*

5）出版時間

2020 年 4 月

6）書的類型、概要

類型：藝術書、裝幀或是人文書
概要：回顧自夏目漱石以降，大約一百一十年來在日本所出版的 350 本「美書」的書籍設計，
是近代裝幀史的書

7）目標讀者

對美麗的裝幀有興趣的讀者

8）企畫意向

被說「書賣不出去」的現在，出版社的製作成本被削減，裝幀的預算也越來越少。即使如此，
想做「美書」的出版社以及想擁有這種書的讀者還是不少。在製作美書漸趨困難的今日，本
書的出版意義，在於回顧日本的近代裝幀史，並以此探問做書的未來樣貌。

9）同類書籍及其銷量

《裝幀時代》（晶文社：0000 年，四六版開本 000 頁，本體價格 0000 円，實賣 0000 部，
實銷率 00%）
《裝幀列傳》（平凡社：0000 年，四六版開本 000 頁，本體價格 0000 円，實賣 0000 部，
實銷率 00%）

＊依 2024 年 7 月的匯率，日圓 1 円約等於 0.2 元新台幣。

《工作舍物語》（左右社 0000 年，四六版開本 000 頁，本體價格 0000 円，實賣 0000 部，實銷率 00%）

10）目次提案

1. 速寫日本裝幀史
2. 炫目的裝飾或是樸實的美感？
3. 創造出形式美的版畫家裝幀和「版」的價值
4. 裝幀始於紙而成於紙——凝視書籍之根本：紙
5. 「無人設計的書籍裝幀」流派——作者自身、詩人、文化人、畫家、編輯的實踐方式
6. 基於排版設計方法論的確立和書寫文字掀起的叛旗
7. 後數位革命時代的萌動和身體性的復甦

11）版型參考　另附紙樣

12）成本計算表

假設發行 2000 冊，2500 円
完售時銷售額：000 萬円
實際收入金額：000 萬円
總成本：000 萬円
成本率：00%

假設發行 2000 冊，2800 円
完售時銷售額：000 萬円
實際收入金額：000 萬円
總成本：000 萬円
成本率：00%

假設發行 2000 冊，3000 円
完售時銷售額：000 萬円
實際收入金額：000 萬円
總成本：000 萬円
成本率：00%

備註）行銷計畫

在代官山蔦屋書店設計書櫃進行相關書籍展售會
在 Book&Design 舉辦書籍展覽和作者演講活動等

⑪ 版型

⑫ 成本計算

以下逐一說明各個項目。

〔① **書名**〕

　　發想出足以用一句話傳達全書內容的標題。如果不能用一句書名說明清楚，可以加上副標。想出簡短、好記、有魅力的書名吧。就像有些編輯會說：「決定不了書名，就不能開始做書。」書名是書籍的根本，是關鍵要素。決定不了書名，可能是計畫還曖昧模糊，或是未契合讀者群，這時最好能重新檢視計畫。

　　再者，就算是好書名，最好避開其他書籍已經使用過的名字。透過網路搜尋，確認書名是不是被用過了。

　　最近也傾向使用在網路搜尋時容易觸及的書名，在書名裡放入容易被搜索的語彙也不錯。如果作者很有名，有些出版社會特地將作者的名字加進書名裡。還有人把對作者有特別意義的話語放進書名，但這樣的書名，是否能感動讀者，需要好好思考。

〔② **作者及簡歷**〕

　　放上作者的姓名和簡歷。作者是什麼樣的人，有過什麼樣

的實際成績，為了傳達這些資訊，簡歷有其必要。尤其是提供給書店的新書預約單（頁94），作者的專業領域、經歷、過去作品的銷量等，也會是行銷重點。驗證作者知名度的數字，譬如社群媒體的追蹤人數或YouTube頻道訂閱人數、觀看次數等，也是參考依據。社群媒體追蹤人數和YouTube訂閱人數多的作者，在網路上對粉絲預告出書消息，更有影響力，目前這種作者的書賣得很好。

〔③ 規格（書籍尺寸、頁數、印刷色數等）〕

　　有些是不親自做書就不會知道的事，為了傳達那種實感，此處先記下。書籍的開本大小，大多是A5或四六版等標準開本[5]。非典型開本或是過大的書籍，因為書店的櫃位很難擺放，比較容易被退書。

　　計算成本時有必要輸入頁數，所以先在合約上填入大致的頁數。之後頁數更動是常有的情形，但頁數大幅增加，製作

書店平台

5　A5的尺寸為 148mm x 210mm，相當於 25 開；四六版開本為 127mm x 188mm，相當於 32 開。在日本，四六版，一指印刷紙張尺寸，一指書籍開本大小。

成本也會提高，所以一定要注意。如果發生頁數似乎會增加的狀況，就先用多一點的頁數試算吧。因為摺紙的摺法，頁數最好設定為16的倍數（顧及篇幅，也有最後總頁數是多出8頁的）。如果追加4頁這樣不上不下的頁數，製作成本就會提高，所以最好花工夫在頁數的調配上，讓總頁數能恰好收在完整的摺數裡[6]。

印刷的色數（彩色印刷或是黑白印刷等），以及書腰和扉頁的有無，都會影響製作費用。為了控制成本，一般平裝本有時候會省略扉頁。

16 頁一摺的頁數組成
左翻（橫書）

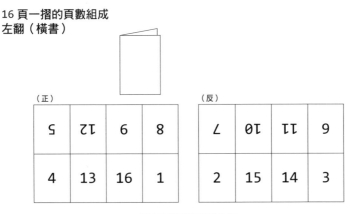

第 1 頁的背面是第 2 頁

6　在台灣，印刷時每一張紙的摺法單位，稱為「台」。

〔④ 預估價格、冊數〕

　　售價和冊數（頁43），如果不計算成本會無法確定，但在企畫書階段，先放上大概的數字。

　　因應書的類型，價格帶有所不同，料理、健康、商業等讀者眾多的類別，1000円左右的很多。一旦超過2000円，會買的讀者就少了。3000円以上，則是專業書籍的價格區間。例如，定價1000円，冊數500本的銷售額是50萬円，如果其中七成歸出版社，也只有35萬円。這樣的話，不敷製作成本。

　　冊數是由總成本和定價算出來的，一般來說多數讀者會閱讀的書，發行冊數多，特定讀者群閱讀的書，冊數就會少。一人出版社出的專業書籍，初版冊數設在1000本到2000本左右就算多的。若是1000円左右的一般書籍，初版就需要設定在3000冊以上。

　　所以，相對來說，定價便宜的書，印量要多；定價高昂的書，冊數就會少。大致預測自己想製作的書落在什麼樣的價格區間、有多少讀者，是很重要的。

〔⑤ 出版日期、排程〕

　　如果作者是從零開始執筆寫作，就從完稿的時候推算出版時間。作者可能因為忙碌或發生意外，而導致延遲，所以訂一

個不太勉強的時程吧。在可能延遲的狀況下，臨機應變也是很重要的。

如果是畫家或插畫家的作品集，很常配合作品展的舉辦時間出版發行。因為很多讀者會在展場買書，所以訂立出版進度的時候，要能趕上作者的展覽。

稿件收齊後，編輯、設計、印刷會花上多少時間，每個案子都不一樣。一般從發印給印刷廠（將要印刷的內容交給印刷廠）到完成樣書，大概要2～4個星期。樣書做好到發行至書店，也會因為通路有所不同。出版社直送到書店，大概幾天而已；如果是透過經銷商，從交貨到發售大概需要兩週。我們從書店店面鋪書的那一天，回頭計算製作時程。時程表用Excel試算表製作（見下頁），與作者、設計師和印刷廠共享資料。

一般來說，書比較好賣的時間是新年度開始的4～5月[7]、文化活動頻繁的秋季，以及荷包比較寬裕的年底和年初。相反的，盛夏的炎熱時期和年度會計結算的三月，書都很難賣。尤其是三月，因為要迎接結算，出版社為了衝銷量，會增加發行本數。業務力強大的大型出版社在書店鋪很多書，小出版社容易因此被夾殺。特別是費盡心力行銷的書，或是賭上性命所出

7　日本新年度是指四月新學期開始，公司行號也多是四月進用新人。

《「美書」的文化誌》進度排程

「美書」的文化誌進度表　　　　2020/2/1

月	日	星期	備註
11月	1	五	
	2	六	
	3	日	
	4	一	
	5	二	
	6	三	
	7	四	
	8	五	
	9	六	
	10	日	
	11	一	
	12	二	
	13	三	
	14	四	
	15	五	
	16	六	
	17	日	
	18	一	
	19	二	
	20	三	
	21	四	
	22	五	
	23	六	
	24	日	
	25	一	
	26	二	
	27	三	
	28	四	
	29	五	
	30	六	
12月	1	日	
	2	一	
	3	二	
	4	三	
	5	四	
	6	五	
	7	六	
	8	日	
	9	一	差不多這時候拍攝書籍（三天）
	10	二	
	11	三	
	12	四	
	13	五	
	14	六	
	15	日	
	16	一	
	17	二	
	18	三	
	19	四	
	20	五	照片資料上傳
	21	六	
	22	日	
	23	一	
	24	二	
	25	三	
	26	四	
	27	五	
	28	六	
	29	日	正月休假
	30	一	
	31	二	

月	日	星期	備註
1月	1	三	年底年初休假
	2	四	
	3	五	
	4	六	
	5	日	
	6	一	內頁排版
	7	二	
	8	三	
	9	四	
	10	五	
	11	六	
	12	日	
	13	一	
	14	二	
	15	三	
	16	四	
	17	五	
	18	六	
	19	日	
	20	一	
	21	二	
	22	三	
	23	四	
	24	五	
	25	六	
	26	日	
	27	一	
	28	二	
	29	三	
	30	四	
	31	五	
2月	1	六	
	2	日	
	3	一	
	4	二	
	5	三	
	6	四	內頁校對
	7	五	
	8	六	
	9	日	
	10	一	
	11	二	
	12	三	
	13	四	
	14	五	
	15	六	
	16	日	
	17	一	封面封底等發稿
	18	二	
	19	三	
	20	四	
	21	五	封面彩色打樣完成
	22	六	
	23	日	
	24	一	
	25	二	
	26	三	封面彩色打樣校完
	27	四	
	28	五	

月	日	星期	備註
3月	1	日	
	2	一	
	3	二	封面二次彩色打樣完成
	4	三	燙金
	5	四	
	6	五	燙金確認，賣了
	7	六	
	8	日	
	9	一	內頁發稿
	10	二	
	11	三	
	12	四	內頁出樣
	13	五	
	14	六	
	15	日	
	16	一	
	17	二	
	18	三	校對完成
	19	四	製版
	20	五	
	21	六	
	22	日	製版
	23	一	印刷
	24	二	印刷
	25	三	印刷
	26	四	印刷
	27	五	印刷運送
	28	六	
	29	日	
	30	一	裝訂
	31	二	↓
4月	1	三	↓
	2	四	↓
	3	五	↓
	4	六	↓
	5	日	
	6	一	↓
	7	二	↓
	8	三	
	9	四	樣書完成
	10	五	交貨到Transview倉庫
	11	六	
	12	日	
	13	一	由travnview 寄書
	14	二	
	15	三	發行
	16	四	
	17	五	
	18	六	
	19	日	
	20	一	
	21	二	
	22	三	
	23	四	
	24	五	
	25	六	
	26	日	
	27	一	
	28	二	黃金週休假
	29	三	
	30	四	

的書，也許避開這些難賣的時期比較好。

〔⑥ 類型〕

類型指的是書籍的種類，也是指放在書店的哪一區櫃位（書架）。譬如說，攝影師的作品集，會放在藝術類的攝影集書架。

類別清楚的書倒還好，如果是跨兩個以上類型的書或類別不明確的書，就要格外注意。例如，蒐集全世界足球隊的徽章設計的書，領域就橫跨體育相關和藝術設計。根據書店的不同，可能會被放在足球那一櫃，也可能歸到設計書的櫃位，所以即使出版社「希望能放在這個書架」，也不一定能如願。如果一開始就想做出可以放在兩種櫃位的書，通常會變成兩邊不討好的內容，最好能聚焦，確定以哪邊書架為主。

同樣的，類別不明確的書，可能會被放到毫無關聯的書架上，讀者因此找不到。書店員工看封面，不知道該放到哪個櫃子上，表示書的內容沒有確實傳達，最好能重新思考。為了讓書籍企畫不走偏，思考要放在書店的哪個書架上，是非常重要的事。

〔⑦ 目標讀者〕

什麼樣的讀者會閱讀這本書呢？也寫下對目標讀者的想法

吧。譬如，如果是解釋字型創建的書，主要讀者是圖像、包裝、網頁等的設計師，影像製作者，App 開發者，處理螢幕顯示文字的創意人，也是預設對象。再延伸，像是設計學校的學生、對造字感興趣的人，也是可能的讀者。如此分析出可能買這本書的人的屬性。

而如果是技術性或實用類書籍，是針對初學者，還是專業者？也要在企畫書上記載難易度的級別。一般來說，越針對入門者，讀者越多；越針對高級專業使用者，讀者就少了。

此外，也要想像讀者會在哪裡買書。是都會地區的大型書店呢，還是郊外住宅區的店鋪？是連鎖書店還是獨立書店（店長個別進書的選品型書店），是實體書店還是網路書店呢？例如，料理書讀者群較廣，很容易把書鋪貨發行到全國，藝術書的讀者群較小，主要鋪貨到都會地區的書店和網路書店。

〔⑧ 企畫意向〕

為什麼計畫出版這本書呢？跟第三方說明理由是必要的。為什麼是現在？為什麼是這位作者？不是「因為作者的作品或文章很棒」之類感覺型的理由，而是最好有客觀根據，像是「作者的知名度正在上升，SNS 的追蹤者有○○人」「預計舉辦大型個展，能動員○○人」「過去的作品賣了○○冊」。

在難以提出具體數字的時候，舉出「這個類型正備受矚目，類似書籍很暢銷」「這本書能為很多煩惱的人提供解方」之類，能同感的理由也可以。如果無法順利寫出為什麼需要出版這本書，也許重新省視計畫比較好。

〔⑨ 同類書籍及其銷量、彼此差異（做出差別）〕

搜尋和自己計畫出版的書籍類似的作品，調查銷售狀況（關於類似書籍和實際銷售數字的檢索方式，參照頁24）。接著，說明彼此之間不同之處在哪裡？比起同類書籍，我能做得更好的部分是什麼？如果能提出「比起同類型書籍，內容更豐富」「頁數較多而價格更便宜」之類的優點，會更有說服力。

必須留心的是，也有太注重差異化，導致企畫內容變得太小眾，目標讀者因此變少的案例。「這樣的書，到底誰會買？」之類的謎樣書籍，雖然也有成功的，但也可能在企畫階段就過不了關。注意：不要變成太小眾而沒有讀者想買的書。

〔⑩ 全書架構、目次提案〕

關於全書組織架構的提案，在企畫階段，即使是粗略的內容也沒關係。有些書是作者決定架構，有時候則是和作者討論後，由編輯擬定。例如雜誌，邊採訪邊編輯製作，常在途中改變架構，這種情況所在多有。多次開會和採訪後，書的輪廓大致成形，再做出更詳盡的架構提案，製作落版單（哪幾頁要放

什麼內容的圖表。如下頁）。關於落版單，容後說明。

〔⑪ 版型〕

以圖像為主的書，要製作能傳達內頁風格形象的版型。會怎麼放進什麼樣的視覺圖像？文字篇幅多少？透過製作內頁版型，讓觀者一目瞭然。版型，有時候是編輯用InDesign等排版軟體製作，也常用手繪示意的方式。需要好好做簡報的時候，往往會請設計師製作版型的樣本。

〔⑫ 成本計算〕

做一本書會花多少錢，決定合乎成本的價格和冊數，就是成本計算。例如，製作2000冊定價3000円的書，2000冊的總銷售額是600萬円，如果其中七成歸出版社，大約是400萬円，其中一半200萬円就是可用預算的大致目標（參考頁50）。若成本超過200萬円，要提高定價或是增加冊數來調整。詳情容我在後面的「4.計算成本」一節中解說[8]。

最後，再次站在讀者的立場確認一下。

8　台灣未如日本出版業採行圖書定價制，受到通路進貨折扣波動影響較大，在計算成本、設立定價時，需將相關條件考慮在內。

《「美書」的文化誌》落版單

台	頁碼	序	備註
男台 4C	1–16	1–16	卷頭彩頁
1台 1C	1	1	扉門頁
	2	2	圖片頁
	3	3	目次
	9	9	隨章節
	10	10	前言
2台 1C	17–32	1–16	19 ④ ★第1章〔上〕書籍的醞釀
3台 1C	33–48	1–16	45 ⑬〔下〕書籍的設計
4台 1C	49–64	1–16	64 ⑯ ★第2章
5台 1C	65–80	1–16	65 ① ★第2章
6台 1C	81–96	1–16	88 ⑧ ★第3章
7台 1C	97–112	1–16	
8台 1C	113–128	1–16	124 ⑫ ★第4章
9台 1C	129–144	1–16	
10台 1C	145–160	1–16	156 ⑫ ★第5章
11台 1C	161–176	1–16	
12台 1C	177–192	1–16	
13台 1C	193–208	1–16	
14台 1C	209–224	1–16	220 ⑫ ★第6章
15台 1C	225–240	1–16	
16台 1C	241–256	1–16	
17台 1C	257–272	1–16	
18台 1C	273–288	1–16	274 ② ★第7章
19台 1C	289–304	1–16	298 後記／301 參考文獻／302 人名表
20台 1C	305–320	1–16	313 書名索引／319 插畫頁／320 規格一覽

▶企畫書確認項目

- 想讓什麼樣的讀者閱讀？

- 呈現的整體樣貌？希望帶給讀者什麼樣的體驗？

- 期待誰買這本書？

- 價格和購買族群達到平衡了嗎？對購買族群來說定價不會太高嗎？

以上是「擬定企畫書」的階段，可能已經說得太多了。我們再回到原來的30道工序，接下來將說明第4點的「計算成本」。

4 ｜計算成本

在「3. 擬定企畫書」裡最後介紹的「計算成本」，幾乎和企畫書的製作同步並進。所謂的計算成本，是要試算製作書籍的費用，確認所設定的定價和印刷冊數，在銷售上能不能合乎成本。

在出版社工作時，公司設定的成本率有上限，一人出版社沒有這樣的限制，想花多少都可以，這反而是危險的。為了避免成本花費過高，即使把書賣完了也不賺的情況，就用跟出版社同樣的標準來計算成本吧。

只是，一人出版社的好處，並不在於每一本書都謹守成本，而是可以彈性地調整成本，「這本書投注了相當的成本，接下來的書就減少成本吧。」只要控制年度成本就可以，隨機應變。

計算成本時需要以下項目：

〔① 印刷製作費〕
是紙本書製作費用的總計。決定書本規格後請印刷廠估價（規格因設計而異，成本也會變化，因此這個階段只是試

算）。有時候會同時請幾間公司估價，再進行比較（多方報價）。必要資訊如下：

- 書籍大小（四六版開本、A5、B5等標準尺寸[9]，還是特殊尺寸？）
- 頁數（之後會更動，所以大概的頁數即可）
- 印量（1000冊、2000冊、3000冊等，通常會要求以幾種不同印量進行計算）
- 用紙（書衣、書封、書腰、扉頁、內頁使用什麼樣的紙張？還沒決定的話，請以常用的基本紙張詢價）
- 色數（是CMYK的四色全彩印刷嗎？還是單色黑？是特色〔調成特殊顏色的墨水〕嗎？每一台不一樣的話，要加上落版單去詢價。）
- 有無特殊加工（燙金或軋型等後製加工）

〔② 付給作者的版稅或稿費〕

支付作者多少版稅的試算。支付版稅的時候，是以書的本體價格×首刷印量（也有出版社會扣掉樣書數量）×版稅率（5～10%）來計算。例如3000円、2000冊、版稅率10%的話，作者的版稅是60萬円。

9　台灣的書籍完成尺寸，一般概分為菊版（菊全，A版）：菊8開、菊16開、菊32開、菊64開等，以及四六版（對開，B版）：8開、16開、32開、64開等。A5相當於菊版16開，B5相當於四六版16開。

〔③ 設計費、排版費〕

　　書的基本設計或排版費用。如果聘請設計師，就要支付這筆費用，自己進行基本設計和排版的話，就不用花錢（但是會被收取 Adobe 軟體使用費和每年的字型授權使用費）。因應頁數和排版的複雜度，會產生不同的費用，這是難以計算之處。

　　而只委託外部設計師做封面設計，自己設計內頁，和將一本書全部交由外部設計師，費用也會有差異。

〔④ 編輯費〕

　　一人出版社自行編輯的話，不需要編輯費用；如果外包，就會產生編輯成本。因為沒有固定金額，多是調整整體預算，分配可承擔的適當金額給編輯。

〔⑤ 校對費〕

　　校對（確認內容）的成本。委託專業校對的時候，一般來說會需要一到兩週的時間（雜誌因為沒有充分的時間，常會單篇委託，或是急件）。每位校對的委託費用不一樣，不能一概而論，有些以頁數或字數計算，有些是依照校對所需的時間。如果委託專業校對公司，很多是以校對時數計算。一人出版社的編輯自己校對的話，不用另外花校對費，不過有疏漏的風險，建議委託校對。

以上是投注在書籍製作上的一般費用。以下，是根據書籍內容可能產生的成本。

〔⑥ **攝影費、插畫費**〕

請攝影師拍照或是請插畫家繪圖，會衍生費用，例如料理或手工藝等以照片說明步驟的書籍，或是設計圖集等。也有需要以插畫說明，或加上插圖比較好的時候。

攝影費，用攝影天數計算。三天的拍照會花費多少，是以工作日為基準計算費用。若請對方出差，差旅費（車費、油費、停車費）也要按實際支出追加。如果需要租借拍照場地，還有攝影棚的費用，是以時數計算。攝影棚相當花錢，所以也可能在攝影師或設計師的工作室進行拍照。

插畫是以幅計算費用，以一幅多少錢為基準。不過同樣是一幅，有些可以很順暢快速地畫出來，也有要查找資料、精細工筆完成的，不能很制式地設定一幅多少錢。要考慮勞力和時間的付出，和插畫家討論相應的費用。

〔⑦ **版權費、翻譯費**〕

取得海外書籍的版權，翻成日文出版，會產生版權費和翻譯費。詳情我在番外篇「翻譯出版」會說明。如果是出版者自行翻譯，就不需要翻譯費。

〔⑧ 預備金〕

　　給審訂者的審訂費、書腰推薦文的稿費、到外地的差旅費、印刷的改正費等，因為有這類計畫之外的支出，預備金準備 10 萬円左右是可以安心的。倉庫保管費和運費，經常不計入成本，但如果嚴謹計算，最好能排進去。

　　把必要項目的金額全部核算出來後，即進行成本計算。有的出版社使用公司內部的成本計算 Excel 表單，輸入各種費用，就能自動計算。但就算沒有現成的 Excel 表單，也能進行。以下即說明計算方式。

▶計算成本的方式

① 算出製作一本書的所有相關成本

　（不確定的時候先填上大致金額）

② 設定大概的本體價格和冊數

③ 本體價格 × 冊數 × 折扣率（一般為 65% ～ 70%）÷2

　（折扣率指的是通路價與本體價格的相對比例，參照頁 169。為了確保利潤，將成本設為銷售額的一半左右）[10]

④ ①的成本如果能控制在③的金額內的話就可以。

　如果不能，請重新檢視成本、定價、冊數。

10　未採行圖書定價制的台灣，近年通路進貨折扣往往較日本為低。折扣率亦可能因為不同書店通路而異。

例如，如果本體價格3000円的書，印刷2000冊，將折扣率設為70%，以下這個金額就是可以運用的成本：

3000円×2000冊×0.7÷2＝210萬円

　　如果成本比這數字高，就要檢視是降低成本，還是提高定價或是增加印刷冊數等。但是，單純提高定價，書籍可能因為太貴而賣不好；增加印刷冊數，可能不暢銷變成庫存，所以重點是要根據實際數字來判斷。此外，要將再刷的印刷裝訂費用估算在內。如果未列入預算，即使再刷也不會增加收益。

　　而且，近年因為物價和人力成本的增加，也可能會發生初版時未預料到的漲幅。雖然不包含在成本計算之內，但是運費或倉儲費等間接成本也可能提高。也許我們無法預知所有的可能性，但是，在某種程度上，要好好蒐集情報，不要採用太勉強的成本規畫。

　　只要不是折扣書，書籍基本上會長期以定價販售流通，不會「一物二價」（同樣的商品有兩種價錢。例如某書，在A書店2000年進貨賣1500円，在B書店2002年從二刷開始進貨賣1600円），定價要設定為就算再刷也不會加價的數字（有時會有不得已申請不同ISBN、調價改版的情況）。

5 ｜ 確定企畫內容

　　成本計算完成，確定製作費用之後，要確認企畫的細節內容。了解大致的預算上限，就實際考慮在這樣的範圍裡所能做的事吧。有時我們會因為預算不足，不得不放棄一些事，不可以勉強硬撐。強撐是不能長期持續下去的。

　　在這個階段，最好也能決定委託的設計師。在詢問作者意見的同時，開始尋找與這本書內容相契的設計師。組織一個作者、編輯、設計師能共同工作的隊伍吧。

　　將想委託的內容和能支付的費用分別告知作者和設計師，得到雙方同意之後，我們就確定方案，開始製作。為了避免任何後續糾紛，最好以書面或郵件寫下預計何時、以何種方式、支付多少金額。即使關係親近，口頭約定是絕對不行的。

6 ｜做落版單，規畫時程

　　到了這個階段，因為已經能看到大略的內容，即來擬定落版單（頁44）。在書籍製作過程中，落版單會更新很多次，所以在這個時間點，暫定的版本也無妨。但要記載更新的日期，以確知哪個落版單版本是最新的。落版單就像藍圖，是讓我們看得到哪裡要填進什麼項目，並且要讓作者、編輯、設計師、印刷廠等製作團隊全員共享。

　　和落版單一樣，時程表（頁39）也是製作團隊要共享的。決定出版日期之後，倒推回去，決定打樣完成日、校對完成日（所有檢查已確認，可印刷）、發稿日（檔案交給印刷廠）。到發稿為止的作業，例如內頁的設計、校對、替換文字和圖像，需要多久時間，都要一邊設想，製作出有餘裕的時程表。

　　粗略預估，發售日前大約一個月是發稿日，發稿日前大約一個月排版完成，是最好的狀態。從發稿到樣書完成為止，印刷作業的時程，就請印刷廠規畫提供。依照這個排程，印刷廠預先排定上機印刷的時間，所以如果發稿延遲的話，請務必聯絡印刷廠的承辦人員。

　　落版單和時程表在製作過程中會隨時更新，要和作者與設

計師共享。發稿日決定後，將最終版的落版單交給印刷廠承辦人員。如果提交的不是更新後的最終版本，可能會造成錯誤，請注意。

有時候因為稿件一直沒好等諸多理由，造成發行延誤。尤其在個人出版社，因為不會影響到公司內部其他部門的安排，所以作者很容易認為「稍微遲一點也沒關係吧」。但是，拖拖拉拉導致發行時間延誤，入帳的時間也會推遲，出版社的現金流因此緊繃。因此有必要密集地和作者聯絡，確認進展，以盡量按照預定發行的時間出版。

7 ｜請作者寫稿

在這個階段，已經和作者大致談好了書籍架構（目次）、時程和付款方式。詳細的目次和書名還沒決定也無妨，不過如果對於內容有疑問的話，就和作者充分地討論吧。稿件完成後，需要提前確認，以免後悔「跟當初想的不一樣」。

如果預計支付版稅，委託執筆時，要請作者確認出版合約的內容。即使本體價格和冊數尚未確定，為了確認其他條件，也要先給作者出版合約。一般來說，價格和冊數確定之後，才和作者簽約，不過在哪個階段簽約，各家出版社和編輯，做法似乎都不同。

委託寫稿，不能口頭約定，要透過郵件、傳真、合約等，最好留下書面委託的紀錄。寫明希望對方在何時以前完成什麼樣的稿件。經常聯絡作者，確認寫作狀況吧。可能有適合放生的作者，但也有想頻繁討論的作者。因應不同的作者類型，臨機應變地和對方來往。

8 ｜ 整理稿件

　　作者的稿件來了之後，盡早閱讀，給出感想。如果需要補充或修正，希望怎麼調整，對作者提出具體的要求。指出讀者閱讀時會感到艱澀難懂的地方，作者的意圖是否準確傳達了，以及與事實相左的地方。有的編輯會直接和作者見面討論，也有用郵件或電話溝通的。這個時代，也可以透過線上會議。如果需要修正，不是編輯擅自調整，要和作者討論後再修改。

　　補寫或修正部分較多時，要等作者調整好稿件，不過錯字、漏字或用字用語的統一（例如一本書裡「計畫」或「計劃」的不同寫法要統一）等修正就由編輯進行。無論如何，為了利於閱讀，要統一用字用語，符號一致。

　　和作者多番討論，將稿子處理到「這樣就行了」。這個工作，我們稱為「整理稿件」（整稿）。如果不整稿就直接排版的話，後續會發生大幅度的改動，所以最好在稿件階段就盡可能修改完成吧。

9 ｜安排拍攝照片

　　如果書中使用照片，要蒐集所需的照片。作者擁有的照片、從別的地方借來的照片，也有需要實際補拍的照片。如果向他處借來照片，因為需要支付授權使用費，所以也要將費用考慮在內。最近大家會從 Adobe Stock 或 Shutterstock 等網路圖庫搜尋可使用的照片，因此有時候不需要特別拍照。

　　拍攝實物，或是任何製作過程的照片，要委託攝影師。雖然也可以自己上陣，但是料理或運動等需要技術的攝影工作，還是請專業人士更好。如果不能在攝影師的攝影棚或出版社的公司內部拍照，就要租用攝影棚。一旦實物攝影（產品或書籍等物品的拍攝）數量較多，攝影天數和攝影棚租借費會隨之提高，別忘了納進成本的計算喔。

　　為了盡可能節省時間，達成有效率的拍攝作業，必須考慮攝影的先後順序。譬如，如果要拍好幾本書的封面，要從正上方拍攝（正面俯瞰照），還是採斜上方的角度呢（斜俯瞰），或是把書本立起來，從側面拍攝或聚焦局部（特寫鏡頭），以及改變光線（打光的方式）、腳架高度，或更換鏡頭，同樣場景的照片一併先拍攝。預先準備好要拍攝的書籍，列出每個場景，和攝影師討論後決定拍攝順序，這樣就能更加順利。

順手之後，提前列好清單，照順序拍攝吧。只要列好清單，就可以跟攝影師共享拍攝排程，防止遺漏拍攝的意外。如果是初次參與攝影工作，可能會抓不準現場的感覺，建議跟經驗老道的攝影師或設計師一起作業。

收錄於《「美書」的文化誌》的
書籍拍攝情景

10 ｜ 委託設計師設計內頁

　　在「7. 請作者寫稿」階段，整理好稿件，將近完成時要請設計師設計內頁。如果書中涵括插圖或照片等，也要準備好圖像素材。在這種情況，要標記說明，以便知曉要在哪裡呈現什麼樣的視覺效果。很多時候，會以手繪或是電腦製作大致的排版（說明視覺效果和文字的位置）並交給對方。如果是圖文配置很複雜的排版，看是要繪製草圖，或是先把資料存放在InDesign中並交給設計師。排版很繁複的書籍，我們經常會把一整本都委託給設計師。

　　另一方面，幾乎只有文字的書，從開頭到結尾都是同樣形式的書，也有請設計師設定版型，文字入稿或修改就請排版人員處理的方式。還有連修改文字都全部交由設計師包辦的情況。根據書籍內容和設計師的工作方式，每個案子有所不同。

　　不管是著重視覺的圖文書或文字書，編輯要告訴設計師對版面的想像再請他編排版面（有時編輯指定版面樣式，其他即交給設計師）。請設計師先編排出開頭的幾頁，確認後再決定是否照著那設計往下做。因為大多數時候會需要修正或微調，待設計師改好、確認後，再請他繼續進行剩下的頁面。請對方一口氣設計好全部頁面會很危險，一旦方向錯了，全部重新修

正會很辛苦，所以逐步確認再往下做比較安全。可以的話，設計出最初幾頁時，最好也請作者確認。作者、編輯、設計師，如果能攜手合作，分享對成品的想像，能做出更好的書籍。

　　跟版面的複雜程度、篇幅頁數有關，我製作200頁左右的設計書，大多能在一個月左右完成內頁的設計。有時候設計師因手邊案子太多而無法順利完成，但我希望不要演變為「明明委託了但設計就是做不好」的抱怨，所以一邊跟設計師討論大概會花多少時間從事內頁設計，一邊同時進行別的工作吧。當然如果設計師是做自己的書，這項工作他就會自行處理。

如何尋找設計師

　　除了設計師開設的一人出版社，大多數時候我們必須物色設計師，進行委託。有時作者會指定設計師，如果作者說「都交給你了」，就要由出版社決定設計師。即使有習慣合作的設計師，對方的設計也可能不符合書籍的主題，或是事務繁忙無法接受委託，那就得找別的設計師。

　　找設計師的方式有很多種，找到應能做出適合該書的設計，還可以和作者、編輯組成優秀隊伍的人最好。和設計師意見相左，結果過程不順利的例子很多，因此包括人品和工作狀況等，都要謹慎評估。

　　看看和接下來要做的書內容相近的書籍，確知設計師的名字，或是平常就記下「很不錯呢」的書籍設計，從中擇選設計師吧。設計師的人品和工作方式，也可以參考之前的採訪文章或是一起工作過的人的意見等。

　　此外，同樣稱為設計師，有大多從事廣告或平面設計的，也有以書籍設計為主的，最好也確認他們平常經手的工作內容。經常承接書籍設計並熟知出版業內情形和印刷狀況的人，應該能成為讓人放心的好夥伴吧。還可以從設計協會（日本圖書設

計家協會）的會員名單中搜尋設計師，該協會是由經常設計書籍的設計師所成立的。或是從介紹在書店看到的優秀書籍設計網站（Bird Graphics Book Store）尋找設計師。

- 日本圖書設計家協會（SPA）
  https://www.tosho-sekkei.gr.jp

- Bird Graphics Book Store
  https://www.bird-graphics.com

11 | 申請 ISBN

在書店販賣的書籍，都必須取得一個13位數的識別碼，稱為 ISBN（International Standard Book Number，國際標準書號）。開始經營出版社的時候，要與日本圖書編碼管理中心聯繫，取得出版商代碼和ISBN。從申請到發放，大約需時三到四週。可循下列步驟取得ISBN[11]。

▶取得ISBN的程序

① 從日本圖書編碼管理中心網站的「新申請」選項中填寫必要項目後申請。

https://isbn.jpo.or.jp/index.php/fix__get_isbn/

② 管理中心會寄指示匯款費用（出版商代碼申請費、書籍JAN使用費[12]）的電子郵件到申請人的郵件地址。匯款後，要將匯款明細的相片用附加檔案寄出。

③ 確認匯款後，會再收到一封電子郵件，寄來所需的文件。其中記載了所申請數量的ISBN。

④ 將郵寄文件中的「出版商代碼收據」寄回管理中心，即完

11　台灣是透過國家圖書館「全國新書資訊網」（https://isbn.ncl.edu.tw/NEW_ISBNNet/）申請出版者的帳號與 ISBN，申請程序亦有差異，例如台灣採逐本書籍申請各自的 ISBN，從申請到發放大約 3～5 天，不需付費。

12　JAN，Japanese Article Number，除了國際標準書號，在日本發行的書籍也要附上由兩段式條碼組成的日本圖書碼。

日本圖書編碼管理中心寄來 100 個 ISBN

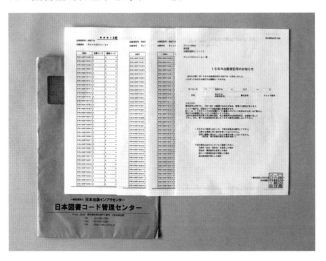

＊＊＊13桁

出版者記号：909718		
出版者名 ：Book&Design		

ISBN	分類コード	価格コード
978-4-909718-66-2	C	¥ E
978-4-909718-67-9	C	¥ E
978-4-909718-68-6	C	¥ E
978-4-909718-69-3	C	¥ E
978-4-909718-70-9	C	¥ E
978-4-909718-71-6	C	¥ E
978-4-909718-72-3	C	¥ E
978-4-909718-73-0	C	¥ E
978-4-909718-74-7	C	¥ E
978-4-909718-75-4	C	¥ E
978-4-909718-76-1	C	¥ E

出版者記号：9097	
出版者名 ：Boc	

ISBN
978-4-909718-33-4
978-4-909718-34-1
978-4-909718-35-8
978-4-909718-36-5
978-4-909718-37-2
978-4-909718-38-9
978-4-909718-39-6
978-4-909718-40-2
978-4-909718-41-9
978-4-909718-42-6

成登錄。

⑤ 將分配到的ISBN放在將出版發行的書籍上。

⑥ 製作書籍條碼（待價格確定後再製作條碼）

〔生成書籍條碼〕

條碼可以在網站上製作生成，用在補書條（夾在書籍中的長條紙）和書封上。書籍封底放條碼的位置請參閱「ISBN使用指南」（距離上方書緣10mm，距離書背12mm）。

- 條碼製作

  http://barcode-place.azurewebsites.net

- ISBN使用指南

  http://isbn.jpo.or.jp/doc/08.pdf

〔製作補書條〕

在條碼製作網站上生成條碼後，使用Illustrator之類軟體製作補書條[13]。補書條上只用雙層條碼的上層。補書條沒有固定格式，使用印刷網購等網站上的參考格式就很方便。以Transview（頁184）流通的出版社，要使用指定形式的補書條。

13　補書條，日本書店銷售書籍中夾附的對摺長形紙條。上列書名、作者名、出版社、ISBN、條碼、圖書分類號、定價總額、本體價格、稅率等資訊。一般作為書店補書用的單據。

・印刷郵購的「補書條樣式」圖版
http://www.graphic.jp/download/templates/35

　補書條一般大小，通常對摺後上下長度是14.5cm，四六版開本橫書高度比較短，這樣補書條就會超出書籍尺寸，所以會做出如圖中較短的樣式。

《「美書」的文化誌》的雙層條碼

四六版橫書的書籍，通常補書條（左）會超過書本天地長度，所以會做比天地長度更短的補書條。

12 ｜ 委託設計師設計封面

　　書籍內容大致完成後，委託設計師設計封面（有時已確定封面設計的方向，也會先設計封面）。在這之前，已經決定了書名，構思封面和書腰文字（書名、作者名、文案等）後交給設計師。也可以同時畫出簡單的草圖再交付。

　　要製作什麼樣的封面？預設讀者是誰？請告訴設計師這些想法。雖然也可以請他參考其他書籍作為設計靈感，但「請做出像這本書一樣的封面」的委託方式並不適合。因為內容不一樣的書籍，設計出相似的封面沒有意義。

　　雖然有個「想做成這樣」的方向是必要的，但最好在決定最終形式之前，和設計師進行討論。設計師也有很多想法，很多時候他們會提出作者和編輯沒想到的點子。作者和編輯雖然理解書的內容，但就因為設計師還不熟悉書的內容，也許更接近讀者，或許更能依此做判斷吧。

　　請設計師做出三款不同方向的封面設計提案。忠實於委託內容的提案、稍微飛躍的提案、更加天馬行空的提案，最好是能呈現出不同品味的版本，因為也會發生「我要求A案，可是真正適合的是C案」。也有請設計師提出三個完全不同的方

案，再從其中縮小方向的時候。因為工作方式不同，也有設計師只提一個方案的，所以請對方提案時，要確認是不是能請他提出多個設計案。

委託方搖擺不定的話，就會出現多次修正也無法決定封面的狀況。最重要的是決定之後，就不要猶豫，拿出勇氣選擇吧。迷惘的時候，要以「會買這本書的讀者會選哪個封面」為基準，而不是以「自己喜歡」為理由來選擇，不過度偏向自己的喜好也很重要。

實際上，也有人會聽取讀者或書店店員的意見來決定封面。傾聽買書的人和賣書的人的聲音，慎重做選擇吧。也可以製作封面樣品，放在書店店面後再決定。看看它在店裡是否顯眼，能不能一看就知道是什麼書，可以從稍微遠一點的地方來客觀判斷。

現在有很多人在網路買書，也要確認在電腦或手機螢幕上，所顯示的封面小圖，看起來怎麼樣？因為圖示會變得相當小，複雜的圖案或文字幾乎看不見。請確認封面縮小後是否還能辨識。

有了封面方案，請跟作者分享。封面方案的決定權雖在出版社，但對作者來說，會不會心生抵抗，是不是無法接受的設

計？這些都要妥善地討論。如果在作者無法接受的狀況下出版了，會危及信任關係，所以請充分討論，告訴對方「為什麼決定用這款封面」。相反的，如果作者很愛但編輯覺得不怎麼樣，就不要選這個方案比較好吧。因為買書的不是作者，而是讀者。能不能讓讀者願意拿起書，這是最優先的考量。

以下是決定封面設計方案時，我的確認清單。

▶封面設計確認清單

- 這個設計確實表達了書籍的內容嗎？是適合這本書的樣子嗎？
- 不會被誤認為其他類別的書嗎？會不會被放到書店不同分類的書架上？
- 能不能讓讀者怦然心動？會不會讓人覺得很讚？
- 在書店裡醒目嗎？不會被埋沒嗎？
- 書名和文案清楚嗎？
- 在網站上就算圖示變小也容易辨識嗎？
- 會不會容易刮破、損傷或是褪色？

如果是出版公司，可以同時請教業務或行銷等其他部門的意見再決定封面，而一人出版社最終還是一個人決定。可以選擇自己喜歡的方案，這種自由的反面是，即使判斷錯了也沒有人會阻止自己的恐怖。多方請教意見，但最後還是自己要確保

有信心做出判斷。

　　封面設計是一本書面對世界的臉，也會大大影響銷售量。而且只要決定了就不能變更，請務必慎重決定。雖然我已做過好幾本書了，但至今仍然覺得封面設計非常困難。

13 ｜訂製白本樣書

　　確定封面後，要決定書籍用紙和印刷方式，向印刷廠下訂單製作白本樣書。所謂白本樣書，是指和實際書本使用同樣材料製作的樣書[14]。先不印刷，就用白紙做書。請指定尺寸、頁數、用紙（書衣、書腰、內封、內頁、扉頁）、裝訂方式、所需的白本樣書冊數。和印刷廠下訂後，大概一到兩週白本樣書能完成。如果不知道要選用哪種紙張，可以請對方使用幾種不同紙張製作白本樣書。

　　白本樣書完成後，可能會發現書本比想像的更厚或更薄，或是紙張太重等情形。在這種狀況下，就改變紙張種類或磅數，再重新訂做白本樣書。書本的厚度（書背寬度）可以根據紙張厚度來計算的，下訂前先確認好，就能防止「比想像的還薄」的意外狀況。在這個階段，和設計師、編輯、作者共同確認白本樣書，分享彼此對成品的想像吧。

14　在台灣，採用一般常見開本、紙張與裝訂方式的書籍，未必會製作白本樣書。

《「美書」的文化誌》的白本樣書

一般平裝本，書背厚度的計算步驟如下：

〔**要確認160頁，嵩高紙四六版86kg的書籍厚度的話（平裝本，軟皮書）**〕[15]

① 在網站上查嵩高紙四六版86kg單張的厚度。

140μm（0.14mm，公釐、毫米）

https://kyobasi.co.jp/product/2011/06/test.html

② 單張的厚度 × 頁數 ÷2

0.14 mm×160頁 ÷2 = 11.2 mm

15　日本印刷紙張基重為 kg/1000 張，台灣則為 g/m²。86kg 相當於 100g/m²。

③ 把這數字加上書籍本體的內封和扉頁等的厚度（0.5 ～ 1 mm左右）的總和，就是白本樣書的厚度

11.7 ～ 12.2 mm

精裝本（硬皮書）的話，②的數字要再加上封面（包含封面和封底）的厚度。

白本樣書的製作費用，通常包含在印刷裝訂費裡。雖然如此，也不能無限制地重做，所以完全確認規格後再下訂單吧。如果多次重做，或是手工製作等特殊裝幀，建議先和印刷廠承辦人員商量。

順道說，在白本樣書做好之前，要決定好委託印刷的印刷廠。因為通常會請委託的印刷廠做白本樣書。那時，請跟印刷廠討論具體的工作時程，以及實際上能不能接這個工作。

正式下訂單前，也確認好印刷費用支付的時間。首次合作的印刷廠，有時會需要預先付款或付訂金。第二次之後，會是印刷後再付款，但是樣書交貨後何時付款，也請務必確認。因為來自經銷商的進帳多是半年以後，最好有不需等待入帳也能支付印刷費用的餘裕。

14 ｜ 確定用紙，計算印製成本

　　檢查白本樣書無誤以後，確定用紙。在這個階段，封面和內頁的設計都已完成，印刷和加工的方式應該也決定了。這時要做最後的印刷估價。需要估價的項目如下：

〔尺寸和冊數〕

- 書籍的開本、頁數、裝訂方式（平裝或是精裝）
- 冊數（請估算1000冊、1500冊等幾種。書衣和書腰因為一旦污損就要重新更換再出貨，所以多印一些）

〔紙張和印刷加工〕

- 書衣：用紙（紙名、顏色、厚度）、印刷（全彩四色？雙色？單色？）表面加工（上光嗎？是否有PP〔表面保護膜〕、燙金或打凹打凸等特殊加工）
- 書腰：用紙、印刷、加工（也可不放書腰）
- 內封：用紙、印刷、加工（精裝本要指定厚紙板和裱紙的厚度）
- 扉頁：用紙、印刷（平裝本有時不加扉頁，精裝本則必須）
- 內頁：用紙、印刷（部分內頁要換用紙或印色時，還要附上落版單）

印刷估價通常有有效期限，太早估價的話，實際印刷時會過時。也可能作業過程中紙張漲價，比起當初的估價，結算後金額（書籍入庫後印刷廠送來的實際價格）更高的情況也會發生。金額比當初估價更高時，請檢查還有沒有能降低成本的地方，或是增加書籍的定價或冊數，以調整成本率。

精裝本各部位的名稱

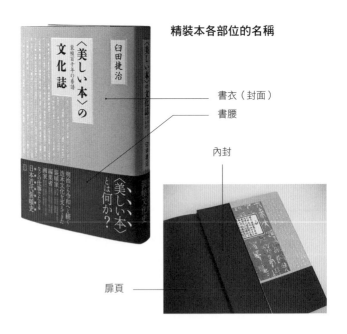

書衣（封面）

書腰

內封

扉頁

控制成本，做出美書的訣竅

製作以彩色圖像效果為特色的書籍，例如攝影集或作品集等，不可避免的，印刷成本比較高。對於普通印刷，多採簡易校對（以數位樣進行校對），偏重圖像的書籍較常採取印刷用紙打樣（和正式印刷使用相同紙張的校對），也因此印刷費用會變高。要如何盡量平抑成本，又能做出高品質的書呢？

以下整理出各項目的控制成本方法。

〔尺寸〕

選擇 A6（文庫本大小）、四六版、A5、B5、A4 等標準尺寸，並選用能有最佳取紙比例（一張大紙可以排列容納幾頁的概算）的紙張，就不會浪費了。要印左右較寬的非典型尺寸時，因為取紙比例較不理想，會花更多錢。若想選用非典型尺寸，不加寬左右，而是縮短天地（上下長度），比較不會影響取紙比例。

此外，選擇內頁用紙時，每種書籍尺寸都有更具效益的取紙方式。從下列尺寸的紙選擇內頁用紙，用紙更有效益，便能降低成本。

〔書籍尺寸：mm〕　　　　　　　〔內頁用紙大小：mm〕[16]

・ 四六版開本（127×188）→　・ 四六版橫絲的紙（788×1091）

・ B6開本（128×182）→　　　・ B版橫絲的紙（765×1085）

・ A5開本（148×210）→　　　・ A版直絲的紙（625×880）

・ B5開本（182×257）→　　　・ 四六版直絲的紙（788×1091）

〔頁數〕

　　書籍總頁數最好能收在16的倍數。也有總數多出8頁或4頁的狀況，但會因此多支付紙張費、印刷費、裝訂費。請修改排版，讓頁數收在16的倍數吧。

〔冊數〕

　　印越多冊，成本越高，不過每一冊的單價會下降。平裝本的話，即使多印幾百冊，費用也不會大幅增加，所以為了避免很快發生斷貨缺書的問題，可能會盡量印多一點，不過因為還有倉儲費用，要確定最適宜的冊數是很困難的。成本如果太高昂的話，就算再刷也不划算，因此設計必須經得起再刷。

〔色數〕

　　當然，單色會比全彩四色印刷更便宜。除了僅用一色（黑

16　絲向，紙張纖維排列方向與紙張長邊平行為「直絲」，與紙張短邊平行為「橫絲」。絲向影響翻閱感受，書籍內頁若為直絲（絲向與書背平行）往往較易翻閱。

色），在有底色的紙上指定一個特別色的話，也能做出像雙色印刷般的華麗版面。此外，整張紙的正面印四色，背面印單色，彩色頁和單色頁就會交替出現，看起來就像是一本彩色的書。這比起全書彩色印刷更節省成本，是我很推薦的手法[17]。

還有一種，黑色+一個特別色的雙色印刷。只印單一黑色的話太樸素，或是有說明性圖表的話，就可以使用這種方法。每一台都可以換特別色，不過因為更換顏色很麻煩，所以可能會多收取費用。即使很辛苦地調整落版，以雙色印刷，有些印刷廠會收取跟四色印刷差不多的金額，這要特別留意。

〔製版費〕
製版指的是平版印刷（用裝填了墨水的印刷機印刷的常用方式）時使用的金屬薄板（版，若是木版畫就相當於木板）。製版以單塊計價，所以減少頁數就能節省製版費。假設製版一塊 2500 円，四色的話就是一萬円，大大影響整體成本。因此，彩頁部分僅印單色的話，就能削減製版費和印刷費。在不減少頁數的情況下，試著考慮將彩頁改成單色，也是個方法。也有將特定的某台印成單色，或是只有某台的正面印全彩四色，而背面印成單色的做法。

17　即透過調整落版，使紙張正面印四色、背面印單色的「正四反一」半彩印刷。

要減少使用的版數，還有一個方法，控制台數為偶數。用四六版全開的大印刷機印 B5 尺寸的書時，排入兩台各 16 頁的內容，併成 32 頁製版。例如，印 208 頁的書籍時，會有 13 台、每台 16 頁。例如像這樣每兩台合併在同一塊版上，最後第 13 台只能單獨製版，效益很低。而如果全書 192 頁，會是 12 台，即沒有第 13 台，就能節省一塊版的製版費。換句話說，做成 32 的倍數頁（偶數台），更有效益。

〔印刷廠〕

　　不同印刷廠的費用差異相當大。經手大量書籍的印刷廠因為能夠低價進貨，紙張成本就能降低。而在一定時間內處理大量印刷件數的印刷廠，也會較便宜，不過不一定能保證品質。

　　印刷廠因為廠內印刷機器的尺寸不同，印刷費用也會改變。擁有能印四六版整版大型印刷機的印刷廠，B5 開本的書可以一次印 32 頁而不是 16 頁，印刷張數，因而變少。印刷張數變少，費用就會降低，不過印刷用紙越大張，越容易發生套印不準（不同色版印刷錯位）。實際上，在濕度高的時期，用容易伸縮的紙張，以全開紙印刷 32 頁時，會有套不準和線條變粗的情況。遇到這種情況，將四六版全開紙裁半（裁成一半），以 16 頁拼版印刷會比較好。如果不特別指定，就會一版印 32 頁，所以最好事先和印刷廠業務討論。

委託的印刷廠如果不能印的話，會發包給其他印刷廠，價格可能因此變高。例如一旦沒有可以印某種尺寸的印刷機的時候，會請其他印刷廠印，因此請確認印刷廠能作業的尺寸吧。

〔印刷方法〕

一般使用平版印刷，不過如果冊數少，有時候短版印刷（頁145）比較便宜。活版印刷或是絹印等，需要動用人工印刷作業，印刷費自然變貴。

而如果加入燙金、上局部光（透明油墨凸起的加工方式）、軋型等加工製程，因為印刷廠會發包給其他加工廠，所以將耗費更多的工時和費用。也要事先計算運送印刷品的天數。

如果在封面等外觀看得到的地方進行加工，能發揮在店面引起注目的效果，可能值得付出費用。相反的，在看不到的地方加工，CP值較低。考慮成本和效果之間的平衡，有效地運用印刷方式吧。

〔紙張〕

紙張占了整體印刷費的30% ～ 40%，是影響成本的重要項目。如果能節省紙費，也就能節省印刷的整體成本。因此，要知道紙的價格是怎麼決定的。

像是扉頁使用的特殊紙張是以張數計算，可是內頁使用的紙張則是以公斤為單位計價[18]。一般來說越厚的紙越重，紙的價格就會提高，也有像嵩高紙那樣，保有紙張厚度而仍然飽含了空氣的輕量紙張。

因為嵩高紙每公斤的單價比其他紙張便宜，所以經常用於書籍或小冊子等印刷品。嵩高紙中經常使用的是「b7トラネクスト」或「b7バルキー」等品項[19]。因為內頁用紙所需張數很多，像這樣使用每公斤單價較低的紙，就能減少紙費。此外，用稍薄的紙，每公斤單價也會降低，紙費也會變便宜。

印刷用紙裡，以製紙工序繁複的特殊紙最昂貴，而書籍用紙最便宜。用於印刷圖片的塗布紙（表面有塗料的紙）價格大概介於中間。塗布紙和書籍用紙是用每公斤的價格進行交易，同樣厚度的話，越輕的紙越便宜。以價格高低排序，依序是特殊紙＞塗布紙·微塗紙＞非塗布紙（書籍用紙）。

此外，紙張是從什麼途徑進貨，也會影響價格。印刷廠並非向製紙公司購買，而是從中間的代理商（中盤）進貨的。透過什麼代理商，進到哪裡的印刷廠，紙的價格都會不同。一般

18　日本印刷紙張，是以每 1000 張多少公斤為計價的基重；台灣則以磅（g /m²）價 x 令重（g / 每 500 張）得出每令（500 張）價格。

19　此處嵩高紙的 b7 系列為低密度的膨鬆紙。

來說，使用張數越多或是跟代理商關係更好的印刷廠，進紙的價格就更便宜。估算印刷成本時，有時就算印刷費便宜，紙費卻很貴，即是和這樣的進貨途徑有關。經手大量書籍印刷的印刷廠，因為會一口氣買進大量常用紙，所以可以比其他地方更便宜。

另一種節省紙張費用的方式是減少所使用的張數，這是效果最顯著的。減少16頁（1台）的話，就能節省很多。另外，還有大膽地縮小尺寸的方式。頁數改變不多，但開本縮小的話，因為紙張用量變少，成本自然降低。

B7トラネクスト的紙張厚度表（取自京橋紙業網站）
https://www.kyobasi.co.jp

〔墨水〕

　　墨水也一樣，用原料越貴的顏色就越貴。依照價格高低，依序是螢光色、金銀等金屬色的墨水＞普通特別色墨水＞四色印刷（CMYK：青、洋紅、黃、黑）的墨水。

〔裝訂〕

　　裝訂也是越繁複就越貴。依照價格高低，依序是手工書＞摺疊精裝書＞精裝本（穿線膠裝）＞精裝本（無線膠裝）＞平裝本（PUR膠裝：可以180度攤平的裝訂）＞平裝本（無線膠裝）＞普通裝訂（騎馬釘）。另外，如果是非標準開本的小尺寸，因為是先裝訂成標準開本再裁切，所以裝訂費會提高。近年因為裝訂公司減少，整體來說裝訂成本也提高了。

　　前面介紹了很多控制印刷成本的方式，整理如下。

▶降低印刷成本的方法

- ‧ 尺寸：做小。思考紙的取紙比例來決定書籍大小
- ‧ 頁數：減少。台數為偶數
- ‧ 冊數：以首刷時冊數足夠為原則
- ‧ 色數：減少彩頁
- ‧ 印刷廠：委託經手大量書籍的印刷公司（能便宜進紙）
- ‧ 紙張：使用每公斤單價便宜或較薄的紙張
- ‧ 其他：不用特別色或特殊加工

左起為摺疊精裝書、精裝本、平裝本、普通裝訂本（騎馬釘）

BOX

在書店店面流通時最好避免的製本

發行到書店，有些製作類型最好能避免，因為容易髒污或毀損。尤其透過經銷商再配送到書店，書本的進出次數增多，更容易發生毀損。在物流過程容易發生問題的書籍，可能會被經銷商拒絕，請特別注意。

還有，容易污損的書籍，書店可能會包上收縮膜，這會帶給書店負擔。事先包膜或是裝到塑膠袋（OPP袋）裡再出貨或許更好。遇到這種情況，要能取出補書條，可以先將補書條另外放進塑膠袋裡，或是把塑膠袋的上緣剪掉。

▶**經銷商發行時，會出現問題的書**

· 截面是斜的，表面凹凸不平（疊書時容易倒塌）

· 盒子或卡片等非裝訂書籍（不被視為書籍，進書價可能會降低）

· 非常容易摺到、破損的書籍（會被退貨或換貨）

▶**容易髒污、受損的書**

· 封面白色、表面未進行上光或上Ｐ（表面保護層）等加工

· 採用孔版印刷等印刷方式，摩擦後可能會沾上墨水的書

· 封面用了螢光色或橘色的書（光線照射容易褪色）

- 黑色再加上霧P的書籍（表面的痕跡會很明顯）
- 封面或書腰的紙太薄、容易破損的書
- 容易摺角的書
- 沒有書封的書（退貨後因為毀損太嚴重，很難再出貨）

15 ｜作者、編輯校對

　　內頁版面做好的時候，作者和編輯要進行校對了。作者要檢查是否充分表達自己想說的內容，記載內容有沒有錯誤。編輯要確認對讀者來說文章的可讀性如何、有沒有錯漏字以及用字用語的統一。偏重視覺效果的書，要檢查圖像是不是放在正確位置，圖說有沒有謬誤以及錯置等。

　　意外地，很容易看漏的是，目次和各章標題的不一致，標題是否在中途變動了，如果加上「2-3、2-4、2-5」等順序編碼，號碼是否重複或是跳躍了。首先瀏覽全書，迅速檢查這些地方，之後再一頁一頁讀，就能減少漏看的風險。要先看整體，再看細部。

　　修正的地方用紅字標示（以紅字寫上說明），再讓設計師或排版人員修改紅字部分（也有自己用InDesign修正的情況）。修改完成之後，會收到PDF檔案，再校對一次。重複修正工作，直到沒有任何需要修改的地方。

　　在「8.整理稿件」階段，稿子的整理結束了，不過排版後再重讀，會發現還想再改的地方。排版完成後，也要確認有沒有在奇怪的地方換頁或換行。例如，翻頁後開頭只出現一行，

或是換行後該行只剩一個字，看起來既不美觀也不好讀，因此應該收進前一行，或是增加文字來調整。

　　另外，也要檢查是否確切執行「避頭點」。所謂避頭點，是指為了不讓行首出現句點、逗點、拗音、促音（「ゃ」「っ」等）、下括弧等，也不讓行尾出現上引號，所做的各種編輯調整。在InDesign上做好設定的話，就能自動迴避，不過校對的時候還是要檢查。

　　如今，經常使用校對軟體或是校正網站。不過作為輔助或許還行，絕對不能太依賴機器。也有機器找不到的錯誤，最後總是需要人工確認。

16 | 專業校對者校對

　　編輯、作者的校對結束，文本接近定稿之後，要委託專業校對。編輯和作者已經讀過很多次文章，太習慣了，有些地方可能會讀太快或是讀漏了。因此，有必要請還沒有讀過稿子的第三者協助確認。

　　委託校對的時候，請指定校對的範圍。通常，會委託校對和校閱。校對主要是針對錯字、漏字、常用成語、用字用語統一進行確認；校閱則是檢查內容是否正確。例如，指出歷史事件的年份與事實相異之處等，就是校閱的工作了。因為校閱必須詳細檢查，很花時間。

　　發稿日迫在眉睫的話，有時候也會只委託校對看稿。看看有沒有錯字、漏字，用字用語是否統一，有沒有明顯詭異的地方，秉持「這樣就印刷出版會完蛋」的最低限度檢查。就算編輯和作者自以為已經細緻地確認過了，還是會發現錯誤的。時間更壓縮的情況下，只請校對讀排版稿（邊通讀排版狀態的頁面邊做校對）還是比較安全的。

　　校對需要多少時間，會根據書本的內容、頁數、校對者的工作排程而有所不同。因此，最好提前寄稿子給校對者，討論

需要多少時間。通常一個禮拜左右能讀完的稿子，可能因為校對者有別的工作，沒辦法立刻處理，會比原來預期的更花時間。如果個人接案的校對者忙於別的工作，也可以讓校對公司聘請其他有空的校對者完成這項工作。

還有，如果可以的話，最好能因應內容，委託熟悉該類型書籍的校對者。尤其是如果書中有大量專有名詞或特殊符號，最好事先找好熟稔該類別的校對者。另外，如果有英文文本，委託能做英文校對的人士吧。

BOX
如何尋找校對和譯者

　　委託校對或翻譯的時候，如果有認識的人最好，但如果沒有人脈資源，也可以請專門的公司找。告知對方書籍內容、頁數、截稿日、預算等，專業公司會幫忙尋找適合條件的校對或翻譯。如果很想要在一定時間內完成，或是自己找不到適合的人，請公司幫忙找人也很有幫助。

　　委託專業公司的話，他們會再發包給個人接案的校對或翻譯。完成的校對或翻譯工作，將透過仲介公司送回給委託人。因此，對於已完成的校對或翻譯內容有問題的話，無法直接討論，必須透過公司，多少會耗費溝通的時間。此外，比起直接委託，因須支付手續費給仲介公司，校對或翻譯所能收到的工資會較少。這樣的情況都考慮清楚後，有需要的話，透過仲介委託也是可行的。

　　以下是尋找校對或翻譯時，能幫上忙的公司的名單（例如日本校對者俱樂部，也可以幫忙介紹校對者）。

▶校對
・ 鷗來堂
　 https://www.ouraidou.net

- 聚珍社

  https://shuchin.co.jp/

- 共同制作社

  https://www.kyodo-de.com

▶翻譯

- TranNet

  https://www.trannet.co.jp

- SIMUL INTERNATIONAL

  https://www.simul.co.jp

17 ｜ 編排修訂文字和圖像

　　這個工作是在「10. 委託設計師設計內頁」之後進行的，可以和其他工作同時作業。像前面說的，文字或圖像的修正，有時是請設計師或排版人員進行，有時是編輯自己來。編輯檢查校對者傳來的疑問或修改，在要調整的地方以紅字標示，用InDesign修正需要更動的地方。

　　紅字部分都修改後，要「對紅」，對照紅字版和修正後檔案，檢查是否都修正了。紅字部分改好後，可以用奇異筆刪掉紅字，以防止有的錯誤沒修正到。頁數較多的內容，修正也會較多，可能很辛苦，但就逐一仔細修改吧，不要出現錯漏。

　　要多次重複這個工作，直到沒有要修正的地方。有時發稿給印刷廠前都還在進行修稿。最好能把完全不需要修改的稿件交給印刷廠。

18｜決定定價，製作新書預約單

在「14. 確定用紙，計算印製成本」階段，印製費用幾乎已經確定，不過這時要再度核算成本以確定定價。如果和最初預定的定價不同，要變更的話，必須重新製作「11. 申請ISBN」的條碼並且抽換掉（注意，一旦忘記抽換，發行會有問題！決定價格之後再做條碼比較安全）。最遲在發稿前一個月要做好新書預約單，讓書店可以預先下單。新書預約單用一張A4紙製作，填入以下項目。

▶放入新書預約單裡的項目

❶ 書籍的類別（人文書、藝術書、兒童書等類型）

❷ 出版社名和logo

❸ 書名、作者名（要最顯眼）

❹ 發售日（書籍到達書店的日期）

❺ 尺寸、頁數、平裝或精裝、價格

❻ 內容介紹（盡可能簡短易懂）

❼ 封面和內頁圖（用傳真的話可能不清楚，要注意）

❽ 作者簡介（包括之前出版的著作）

❾ 鋪書方式（透過經銷商或是直營，以及能否退貨）

❿ 訂購書籍數量和書店代碼欄（記載該代碼的方形欄位）

⓫ 出版社的聯絡方式（電話、傳真、電子郵件、地址）

把這些資訊匯整到一張紙中，如以下所示（下圖是在
Book & Design出版社製作的新書預約單）。

《「美書」的文化誌》的新書預約單

以前，曾經有擔任過書店店員的人幫我修改過新書預約單，製作新書預約單的重點是「看到新書預約單的店員會不會想進這本書」。由於他們每天都必須查看各出版社送來的大批新書預約單，所以能讓他們馬上理解這是什麼樣的書、並且想要訂購它，可說非常重要。因為他們會依「書店客人會不會購買」來思考是否下訂，所以寄送新書預約單前，請冷靜思考「這個新書預約單會不會讓書店有意願訂書呢？」如果是有特殊情感的書，我們可能會熱情地介紹內容，然而站在書店店員（訂購者）的立場，客觀審視新書預約單也很重要。

　　順道一提，我的新書預約單被修改時，收到了這樣的意見，「幾乎沒有要修改的地方，不過因為很不像出版社的名字，所以一開始不知道是出版社。」如果還是名不見經傳的小出版社，也許取一個像出版社的名字比較好。

19 | 接收訂單，確定印量

　　新書預約單完成後，傳真到書店。如果是與版元.com（頁100）或 Transview（頁 184）合作的出版社，可以使用兩方各自提供的書店傳真單，傳真到書店（須收費）。也有統整經常販售特定類型書籍的書店傳真清單，例如人文書的書店清單等，可以針對出版書籍的內容，分眾寄送。

　　如果是參與 Transview 交易代理商的出版社，從 Book Cellar（供書店、出版社使用的線上訂書系統）的頁面輸入由書店端進來的訂單。透過經銷商通路的話，則告知書店訂單的冊數。

　　透過傳真收到書店的訂單時，進行統計，確定數量。以 Book & Design 出版社為例（首刷 2000 冊）：

- 書店訂購數量：600 冊
- 圖書館訂購數量：200 冊
- 出版社直接銷售：300 冊
- Amazon：100 冊
- 贈書、樣書：100 冊
- 倉庫（備用）：700 冊
  大概是這樣的比例。

如果書店反應良好，我們會增加首刷印量；相反的，反應不好，可做出減少印量的調整。有些裝幀精美、印製費用較高的書籍，很難回本，基於再刷不易，首刷冊數不妨多一些。

無論如何，都會根據書店的訂書狀態，計算出所需的冊數，決定首刷印量。就算覺得已經充分考量過了，還是有「比想像中賣得還好／賣不出去」的狀況，即使已累積了銷售經驗，還是經常未如預期。而決定首刷冊數的時候，也做好再刷的估算吧。

▶抓出首刷大致的冊數

- 300 冊　　　購買者有限的作家作品集等
- 500 冊　　　一般的小冊子、Zine 等
- 800 冊　　　可以預測購買者的小冊子、Zine 等
- 1000 冊　　平版印刷、書店進書的最低冊數
- 1500 冊　　即使稍貴但也能預測購買者的書
- 2000 冊　　能抓到目標讀者的書
- 3000 冊　　一般讀者會買單的書

到書店跑業務

除了用傳真聯絡以外，我們還會拜訪書店，進行銷售業務，收取訂單。雖然一人出版社通常不太會拜訪書店，或是交給業務代表，但是上門跑業務，是加深和書店關係的好機會。

聽說最近積極到書店跑業務的一人出版社也增加了。能理解想努力爭取訂單的心情，不過跑業務的時候，也必須考慮書店方的狀況。要避開繁忙的上午，如果想要從容地跟窗口談話，也最好事先約定時間。

還有，如果單方面寄售或寄出書店沒訂購的書，要對方「售出的話請結帳給我」，會造成書店的麻煩，請別這麼做。將書視作商品，在書店裡寄售，請一定要得到書店的同意。即使自己覺得這本書很棒，有時候也不適合。

我認為書店和出版社，是賣書的夥伴。為了雙方都能開心地賣書，跑業務的時候要多用心、體貼。

20 | 登錄書籍資料

要能在日本全國性的實體和網路書店流通，書籍資料的登錄是不可或缺的。書籍資料指的是，書名、作者名、出版社名、ISNB等基本訊息。如果未登錄這些資料，就不能透過ISBN或書名進行檢索，書店在訂購書籍時會出現問題。正因為一組ISBN連結了一本書的資料，書店、經銷商、出版社都能快速地搜尋到想要查找的書籍。

要在JPRO登錄書籍資料。所登錄的每一本書籍都必須支付費用，才能進行登記[20]。

· JPRO（JPO出版資訊登錄中心）

https://jpro2.jpo.or.jp

除了JPRO，也可以從版元.com專用網站登錄書籍資料。

https://www.hanmoto.com

加入版元.com之後，就可以進到自己公司的頁面，逐一

---

20 在台灣，申請 ISBN 時，會同步在國家圖書館「全國新書資訊網」登錄書籍資料（頁 63），不需支付費用。出版社在新書出版前亦會發送書籍資料給各書店通路，以供建檔及進出貨等作業。

登錄書籍資料。書籍資料也會同步刊登在各經銷商、書店、網路書店和Amazon的網站。想更改書籍的資訊內容時，只要再次從版元.com上的自家頁面進入，修改後按下更新，新版資料就會自動同步。書籍資料登錄完成後，如果遇上取消出版的狀況，也能從這個頁面取消登錄。

　　除了書籍資料的登錄，對一人出版社來說，版元.com也提供了很多方便的服務。還有相關服務和網站使用方法等說明會，讓人很安心。使用時要收取會費＋每冊書籍的登錄費。

在版元.com上登錄《「美書」的文化誌》書籍資料的畫面

21 ｜ 發稿給印刷廠

到了這個階段，書籍內容幾乎完成，是時候發稿給印刷廠了。書籍的各個部分都要製檔，分門別類成不同資料夾，再將完稿資料送交給印刷廠。發稿時需要準備下列資料：

- 書衣（印刷用紙打樣）
- 書腰（也可能不附書腰。印刷用紙打樣）
- 內封（印刷用紙打樣）
- 扉頁（製作平裝本時為了降低成本，有時候不加扉頁。如果有扉頁即印刷用紙打樣）
- 內頁（簡易打樣。如果是攝影集或作品集，也可以整本都做印刷用紙打樣）
- 補書條（簡易打樣）

〔彩色打樣〕

書衣、書腰、內封，一般會使用和正式印刷時同樣的紙張打樣（印刷用紙打樣）。扉頁也會做打樣。打樣時，分為數位打樣和傳統打樣。

數位打樣指的是用數位打樣機一張張印出校樣。因為並非動用實際的印刷機器印刷，顏色和實際印刷會有若干誤差。我

們通常會用這種數位打樣機製成彩色打樣。

另一方面，傳統打樣是用正式印刷的平版印刷機打樣。使用跟正式印刷時相同的條件來印，所以能藉以確認正確的顏色，不過因為動用了實際的大型印刷機，較耗費成本、工序和時間。製作很重視顏色的攝影集或作品集等類書籍時，可能會需要傳統打樣。

進行內頁打樣時，如果全部頁面都做傳統打樣，會花太多錢，所以多半是針對特別想檢查確認的幾頁做傳統打樣，其他頁數就做數位打樣。雖然不能就印刷色彩或細節做細緻的檢查，不過可以確認能不能順利輸出，以及資料是否有問題。輸出的時候可以用跨頁雙面輸出，也可以採取跟實際書本同樣的頁數配置。發稿時要指明用什麼樣的輸出方式。

印刷用紙打樣使用和正式印刷時同樣的紙張打樣，簡易打樣是由各自不同的打樣機和專門的紙張出樣，所以顯色會因為打樣機的機種或紙張而有所不同。如果介意的話，請事先跟印刷廠確認打樣的型態吧。尤其是攝影集或作品集等很重視印刷效果的書種，要選擇印刷用紙打樣或是盡量跟印刷用紙打樣相近的簡易打樣，最好跟印刷廠討論後再決定。

聽過有人進行許多次的打樣校色和調整，但是那樣的狀

況，很可能是前置作業討論不足所導致的。如果可以事先跟印刷廠開會討論方向，製作發印資料，接著再讓印刷廠進行調整，彩色打樣出來後，應該就不會有需要大幅度修改的情形。打樣之前，妥善地調整好資料，會左右印刷的品質。

為此，要和信任的印刷廠業務或印刷顧問（指導印刷流程和方法等整體製程，確保印刷成品的專業人員[21]）在發稿前詳細地開會討論，關鍵是要具體告知想做出什麼樣的印刷品。

〔發稿檔案的形式〕

發稿時的檔案形式，包括 InDesign 檔和 PDF 檔兩種格式。希望在印刷廠調整照片或插圖顏色的話，發稿時要提交圖檔和 InDesign 檔。因為 PDF 檔已將圖檔嵌入，印刷廠無法再進行調整。如果以 InDesign 檔發稿，要確認是否選用了印刷廠電腦無法呈現的字體（可以在 InDesign 打開排版的檔案，以確認所使用的字體）。

另一方面，如果不需要在印刷廠修改圖檔，就用 PDF 檔發稿。就算使用了印刷廠沒有的字體，PDF 檔也沒問題，無需擔心字體會被其他字體取代，因此適合使用許多字體的狀況。此外，PDF 檔比 InDesign 檔的容量還小，更方便提交檔案給印刷

21　在台灣一般統稱為「印務」。

廠，也可以避免圖檔的連結不見或是字體變成亂碼（不能正確辨識文字、被替換成其他文體）等問題。因為這些優點，最近以PDF發稿的比例變多了。

實際上，提交的檔案有問題，印刷廠會主動聯絡。遇到這種情況，須修正檔案後重新發稿。因為檔案格式不正確、圖檔解析度不夠、使用不能輸出的字體，就無法處理。也因為發稿後會出現類似這樣的問題，一定要讓印刷廠能聯絡到人。

〔發稿時的確認〕

以下是我以Indesign檔發稿時，使用的發稿檔案確認清單（印刷廠可能發生的輸出問題）。檔案有問題的話，必須請印刷廠修正，或是要重新提交修正後的檔案，都是時間和金錢上的雙重消耗。為了避免這種情況，事前仔細確認吧。

▶發稿時的檢查清單

- 印刷廠是否支援發稿的電腦系統和InDesign版本？
- 是否使用了印刷廠沒有的字型？
- 圖版去背或直壓的設定正確嗎？
- 黑色部分的CMYK合計值有沒有超過350%？
- 檔案裡圖檔的解析度是否在300dpi以上？
- 頁面四邊是否預留3mm的出血？
- 字型和圖檔有沒有一併放入？

- 有放入附裁切線的跨頁樣本（PDF檔）嗎？

〔工單〕

　　發稿時，為了避免錯誤，請附上發稿工單（指示說明書）。這是為了讓作業人員不致搞錯用紙和印刷規格，在傳達溝通上不可或缺的。

　　格式不拘，可以把大概記錄下列項目的說明和發稿資料一起交給印刷廠。如果打樣之後更動了紙張和印刷顏色的規格，務必附上最後修正的工單，注意不要搞錯版本。總之，為了不要出錯，說明要列得清晰、明瞭、正確。

▶工單的項目
- 書名
- 尺寸、頁數、色數、裝訂方式
- 印刷冊數（因為有時退書會以換上書衣或書腰的方式重新出貨，書封和書腰要增加10% ～ 30%）
- 希望打樣完成的日期、打樣數量
- 打樣的類型（傳統樣還是數位樣）、必要的份數
- 發生問題時的聯絡人（承辦人的電子郵件和手機號碼）

以前會把發稿檔案放進DVD或CD-ROM，和列印紙本一起交給印刷廠，現在則是將檔案交給業務人員或是上傳到印刷廠的伺服器，越來越多往返傳輸是在雲端進行。如果書衣、書腰等使用了特別色墨水，發稿時除了列印紙本，也要在紙本附上色票（顏色樣本）交給印刷廠。因為印刷現場沒有色票，最好預先把DIC或PANTONE的色票加上去，交給工作人員。

　　就像這樣，發稿時，要將工單、稿件檔案、列印紙本，整理集結後交給印刷廠。發稿後如果抽換資料或修正，有時會額外收取費用，所以發稿前請再三確認是否有問題。發稿後資料就到了印刷廠，不能再隨意修正了，發稿前盡量確保所有資料完整。

　　請印刷廠調整圖檔的話，要在列印紙本寫下調整圖像的說明。希望現場可以做什麼樣的調整，說明最好盡可能的具體詳細。像是「稍微亮一點」之類的指示，無法明確告訴對方要調到多亮，所以最好能附上自己希望的亮度樣本。比起用語言說明，附上樣本更有效益。

《「美書」的文化誌》發稿時的工單

《「美書」的文化誌——一百一十年的裝幀系譜》用紙（發稿時）

2020/02/20
Book & Design

大小：四六版（直 188 × 橫 128mm）
頁數：〔卷頭〕彩頁 4C×16p 〔內頁〕黑白 1C×320p
印數：2000 冊（書衣、書腰 2000 ＋預備 200 ＝ 2200 張）

裝訂：穿線圓背精裝本，書頭布伊藤信男商店 33 號，書籤帶同店 23 號
　　　紙板比一般厚度稍薄，「微塗裝」13 號（0.96mm）

印刷：（以用紙＋加工＋印刷色數的順序記載）
　　　・書衣：從下列三種紙張選出。打樣後決定。
　　　　　　　紙槌紋 GA 雪白 四六版 130kg
　　　　　　　新風紙 V 雪白 135kg
　　　　　　　安格爾絹白 130kg
　　　　　　　特色 1C（DIC338：茶色）＋墨色 1C（女神墨水公司超級黑）
　　　　　　　＋消光＋燙金（庫爾茲金箔或村田金箔的銀箔）

　　　　　・書腰（暫定）：TANTO L-57（淺黃）四六版 100kg
　　　　　　　　　　　　　　特色 1C（DIC457：紫色：濃重色調上加上充分的墨色）＋消光

　　　　　・扉頁　　　：TANTO S-3（深灰）四六版 100kg
　　　　　　　　　　　　無印刷

　　　　　・內封　　　：羊皮紙／茶色 四六版 110kg
　　　　　　　　　　　　特色 1C（特殊銀色。請盡量用能發揮銀色光澤的墨水）＋消光

　　　　　・內頁　　　：〔插圖 16p・卷頭插圖・照片〕b7 塗布高高紙 四六開 79kg+4C
　　　　　　　　　　　　〔內頁 32p・文字〕
　　　　　　　　　　　　北越紀州製紙 minuet forte W66kg+1C（女神墨水 超級黑）

校對：書衣、書腰、內封傳統打樣
　　　內頁 4C 頁、1C 頁到 16p 傳統打樣
　　　（印刷用紙 1C 希望校正頁數 p. 1、3・6・9・20、37、79、145、
　　　　　　　　　　　　　　　169、179、191、267、295、312-313、320）
　　　+16p 追加：p. 10-11、21、47、111、122、133、163、186、203、213、225、239、
　　　　　　　　　249、257、282

　　　正文 1C 頁能確認文字即可，也可以用簡易打樣（確認用的黑白輸出）

《「美書」的文化誌》校對完畢時的工單定版

《「美書」的文化誌》校完時的最終說明

2020/03/06
Book & Design

大小：四六開（直 188 × 橫 128mm）
頁數：〔卷頭〕彩頁 4C×16p 〔內頁〕黑白 1C×320p
印數：2000 冊（書衣、書腰 2000 ＋ 預備 200 ＝ 2200 張）

製本：線裝圓背精裝本，書頭布伊藤信男商店 33 號，書籤帶同店 23 號
　　　紙板比一般厚度稍薄，「微塗裝」13 號（0.96mm）

印刷：（以用紙＋加工＋印刷色數的順序記載）
　　　・書衣：安格爾絹白 130kg
　　　　　　　特殊色 1C（DIC338：茶色）＋墨色 1C（女神墨水公司 超級黑）
　　　　　　　＋消光＋燙金（村田金箔的銀箔）

　　　・書腰（暫定）：TANTO L-57（淺黃）四六版 100kg
　　　　　　　　　　　特色 1C（DIC457：紫色：濃重色調上加上充分的墨色）＋消光

　　　・扉頁　　：TANTO S-3（深灰）四六版 100kg
　　　　　　　　　無印刷

　　　・內封　　：絹揉 烏賊墨 四六版 115kg
　　　　　　　　　特色 1C（特殊銀色＋白）＋消光

　　　・內頁　　：〔插圖 16p・卷頭插圖・照片〕b7 塗工嵩高紙 四六開 79kg＋4C
　　　　　　　　　〔正文 320p・文字〕
　　　　　　　　　北越紀州製紙 minuet forte W66kg＋1C（女神墨水公司 超級黑）

如何取得紙樣

　　這裡將介紹怎麼拿到書籍經常使用的特殊紙張和內頁用紙的樣本（並非一定要拿到紙樣，不過手邊有的話會很方便）。

　　對於特殊紙張，可以跟紙張代理商竹尾紙業或平和紙業購買全套紙樣本，如果曾經待過出版社或設計公司，聯絡熟識的代理商負責人會很順利方便。如果沒有這樣的熟人，也可以透過網路購買紙樣本。

　　內頁用紙沒有全套的紙樣，所以要逐一收羅小小紙樣本。也可以請印刷廠提供，或是從紙廠買進。最近也有製紙公司不做紙樣本了。

　　沒有紙樣本，也可以用單張紙樣來確認。單張紙樣可以從製紙公司或代理商的展示室拿到。展示室也實際陳列了製作好的書籍樣品，方便藉以確認印刷成品的狀態。

　　以下為紙張的展示室名單。無需預約也可進入，但只有平日營業（紙張品牌經常會絕版，所以要拿到最新的紙樣本）。

左上順時針起是封面用的紙板、厚紙（大和厚紙）、特殊紙（竹尾、平和紙業）、在印刷專門網站或影印店通用的紙（圖像、平版印刷）、書籍用紙的紙樣本

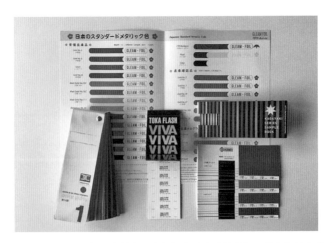

左上順時針起是燙金（村田金箔）、金銀墨水（大日精化）、螢光色墨水（T&K TOKA）、特色墨水（DIC）的樣本

▶特殊紙

· 竹尾紙業（東京、大阪、福岡）

  https://www.takeo.co.jp/

· 平和紙業（東京、大阪、愛知）

  https://www.heiwapaper.co.jp

▶內頁用紙、紙板

· 京橋紙業　KYOBASHI　紙展示室（東京）

  https://kyobasi.co.jp/paper_sr/showroom.html

· 日本製紙集團　御茶之水紙展（東京）

  https://www.nipponpapergroup.com/opg/access/index.html

· 大和板紙　設計師套件申請

  http://www.ecopaper.gr.jp/ed/designer.html

如何選擇印刷廠

　　偏重視覺的書，印刷品質會大大影響書籍的呈現。同時，因為常採用特殊裝幀，最好委託能處理高難度印刷或複雜規格的印刷廠。一般來說，較常經手藝術展覽圖錄、攝影集、作品集等的印刷廠，技術能力較高，也很習慣和設計師合作。如果正編製以圖像為主的書，最好能跟這類印刷廠討論看看。

　　尋覓印刷廠的時候，可以看看之前覺得很好的書籍或展覽圖錄的版權頁來確認印刷廠，或是請設計師介紹口碑良好的。請認識的人介紹想合作的印刷廠是最好的。

　　如果是初次接觸的印刷廠，一開始先聯絡對方，請對方估價。可以的話，直接和負責業務的人見面，說明想要做出什麼樣的印刷品。如果承辦人員能具體提出「想要做那種印刷的話，這種紙很適合喔」「也有這種印刷方式喔」等建議，後續大概也能很妥善地承接。不管如何，當客戶有困擾時，能找出替代解決方案，迅速行動的承辦人員，工作將能非常順利地進行。

　　而如果是精細又困難的印刷，除了印刷業務的承辦人，也讓印刷顧問一起工作。印刷顧問，簡單說來就是印刷作業的總監。在開會時，他們聽取客戶對於印刷的想像，思考要怎麼調

整，印刷效益比較好，並監督整體印刷流程。藉由印刷顧問的參與，印刷品質往往會更加提高。經常做美術書的印刷廠常會有印刷顧問或是相當於這類角色的負責人，試著去和他談談吧。

製作繪本《兔子聽到的聲音》時，我委託了山田寫真製版所的印刷顧問。那時，我們一邊看著木版原畫，一邊和版畫家、印刷顧問一起在電腦螢幕前調整顏色。用印刷用紙打樣模擬印刷狀態，隨後即正式印刷，一下子就完成了非常好的印刷工作。像這樣，讓印刷顧問參與工作，就不需花費重印的時間和費用，也能製作出美麗的印刷品。這更讓我深切感受到為了得到好的印刷效果，事前的會議討論和準備有多麼重要。

下列印刷公司經常製作美術書籍，而且有印刷顧問。也順便介紹在特殊加工和裝訂方面深受好評的公司。

▶印刷

- 山田寫真製版所（富山‧東京）
  https://www.yppnet.co.jp

- 東京印書館（埼玉）
  https://www.inshokan.co.jp

- 藤原印刷（長野・東京）

  https://www.fujiwara-i.com

- iword（北海道・東京）

  https://iword.co.jp

- SunM Color（京都・東京）

  https://www.sunm.co.jp

▶燙金

- 宇宙科技（東京）

  https://commercial-printer-720.business.site/

▶軋型

- 東北紙業社（東京）

  http://tohoku-shigyosya.co.jp

▶一般加工

- 篠原紙工（東京）

  https://www.s-shiko.co.jp

- 福永紙工（東京）

  https://www.fukunaga-print.co.jp

▶機器裝訂

- 松岳社（東京、埼玉）

  http://www.shogakusha.co.jp

- 渡邊裝訂（東京）

  https://www.booknote.tokyo

▶手製書

- 美篶堂（長野、東京）

  https://misuzudo-b.com

22 ｜ 確認彩色打樣

　　發稿後，快的話，幾天就能出彩色打樣了。彩色打樣可以從印刷廠送到出版社，不過也可以請他們直接寄給設計師。由出版社和設計師同時確認彩色打樣。要不要寄給作者，就依憑出版社的判斷。然而因為想要分享印刷版本的書籍樣貌，並請作者做最後的確認，我也會盡量讓作者看印刷顏色的打樣。

　　在校對彩色打樣時，除了確認印在紙上的呈現效果，也要再檢視封面和內頁有沒有錯誤。沉穩冷靜地重看印刷顏色的打樣，常會發現錯誤，所以不要鬆懈，仔細確認吧。

《「美書」的文化誌》彩色打樣

▶彩色打樣的確認清單

- 有沒有錯字？

- 有出現亂碼嗎？

- 照片和圖版的顏色對嗎？

- 照片和圖版的解析度夠嗎？

- 文字或格線等黑色部分有設定K100%嗎？ CMYK的套印
  準確嗎？

- 是否出現錯網或是摩爾紋（重疊的版互相干擾，導致印刷
  表面出現不規則紋路）

　　對於正文內頁，有些印刷廠會幫忙摺疊打樣紙張，送來和
書籍相同狀態的樣本。透過將其摺疊出書本形式，可以察覺到
裝訂處（書籍的裝訂邊線），是不是會影響重要圖像的呈現，
或是有沒有之前疏忽的地方。打樣時，是出單張校樣，還是摺
好做成書的狀態，請在發稿時明確指示印刷廠吧。

　　檢查彩色打樣，在白天能以自然光看到準確顏色的時候較
佳。最好是從朝北的窗戶照射進來的光線，而不是直射的日
光。一旦無法以自然光確認，只能用辦公室的照明檢查顏色的
話，要注意照明的種類。暖色系的照明，會造成色偏，建議使
用日光燈進行校色（校色用日光燈、高演色性直管螢光燈、色
溫5000K標準光源），或是在相近的照明條件下確認。

此外，眼睛疲累的時候，顏色看起來也會不一樣，所以盡可能在上午還不累的時候，在穩定的自然光下確認吧。顏色也會根據每天的身體和心理狀況微妙變化，所以請在沉靜的環境和心情下確認顏色。隨著年齡增長，顏色看起來會偏黃，即使是白紙，看起來可能也會微微帶點黃色。攝影集或作品集，不是只看彩色打樣，最好能跟原作比對。

如同我在「21. 發稿給印刷廠」所說明的，多次校對和調整並不是好事。想要什麼樣的印刷效果，先詳盡地和印刷廠討論，在發稿前調整好檔案，或是傳達指令，請印刷廠調整，這樣完成度反而會更高。或許有點費力，然而最終能節省時間和金錢。

23 ｜將彩色打樣交還印刷廠（校完）

　　確認了彩色打樣，在想調整圖檔或抽換檔案的地方以紅字標記，交回給印刷廠。

　　如果希望印刷廠幫忙調整圖像的話，注意要正確地傳達出自己的意思。印刷廠的人會無法判斷像是「稍微亮一點」「要看起來更好吃的感覺」之類的紅字標示，實際上要調整多少，請跟發稿時一樣，附上樣本等資料，更具體地提供給對方吧。想要更明亮的話，就附上跟想要的亮度接近的照片之類，用紅筆註記「接近這張照片的這個地方的亮度」，這樣對方就能準確地接收到指令。

▶不佳的紅字修正和改善案例

- 「請再亮一點」（對方不會知道要多亮）→「因為有點暗，想要稍微亮一點。請修到接近所附樣本的亮度」（告訴對方你想要怎麼做，提出參考範本）

- 「要看起來更好吃的感覺」（「好吃」的標準很主觀，所以這指示是曖昧不明的）→「要修得看起來更好吃，減少墨色，更明亮鮮豔一點」（告訴對方要提高亮度和彩度）

〔檔案的修正、抽換〕

如果文字或圖檔需要更正，得提出抽換的指令。在打樣紙本上用紅筆寫下「抽換」，標明哪個部分要抽換。因為現場可能會看漏，有抽換的地方最好貼上標籤紙。

抽換說明通常會逐頁提出，只需重發想要取代的頁數的檔案，但是如果抽換頁數太多，有可能發生替換錯誤的話，也有抽換取代所有內容的情形（要注意，不同印刷廠收費不一，有可能以每頁為單位計算抽換作業費用，請斟酌執行和成本之間的平衡）。一旦抽換內容，要提供對方什麼樣的檔案條件以方便工作，最好能跟印刷廠確認。

如果時間和費用都有餘裕的話，也可以重新出樣（第二次打樣）。想要檢查圖像的顯色效果時，就會進行二次打樣。另一方面，如果希望確認內頁是否抽換完成，但不需確認顏色，不必另出彩色打樣，而請印刷廠寄定版（已完成所有的檔案抽換，可以製版的狀態）前的資料進行確認。

即使有修正，如果判斷不需重新打樣，就把打樣交回印刷廠，日文稱為「責了」。實際上受限於時間和成本，很常是一次打樣就完結了。所謂「責了」，意思是「雖然還想確認修正過的檔案，就請印刷廠負責完成這項工作」。如果送回彩色打樣時無需再做修正，可以繼續工作，就稱為「校畢」。

〔看印〕

　　把彩色打樣交回印刷廠後，在不會出第二次打樣的情況下，有時也會在正式印刷時到印刷機前確認（看印）。顏色再現很困難的攝影集或作品集等，或是需要作者本人確認的書籍，多數會到印刷廠看印。

　　製作繪本《兔子聽到的聲音》時，我也去印刷廠看印了。發稿前印刷廠的印刷顧問和作者邊看著原畫，一邊在電腦上調整顏色（以 Photoshop 作業），調整到「這樣印刷就沒問題了」的階段。透過彩色打樣確認了顏色，正式印刷時也一起看印，沒有做任何修正，一次就「責了」（不需再做修正，可以進入印刷程序的狀態）。發稿前仔細地調整圖像的話，就不需要做

正在研究《兔子聽到的聲音》彩色頁面的印刷顧問

好幾次的彩色打樣，能很順利地進行工作。

〔責了後的工作〕

　　責了／校畢後，就開始在印刷廠工作。也會有責了之後發現重大錯誤，請印刷廠停止印刷的情況，但是因為這樣會造成現場作業的麻煩，為了不要發生這種事，請仔細地在「責了」時仔細檢查檔案。以下是責了之後，在印刷廠的流程。

① 抽換檔案、責了

② 定版（確認所有檔案資料，表示接下來可以印刷）

③ 製版（準備印刷用版。若是平版印刷，要雷射輸出到一種叫作PS版的金屬薄板）

④ 印刷（將印版數據設定到印刷機進行印刷）

⑤ 加工（若需加工，在別家工廠進行上光、燙金、軋型等加工作業）

⑥ 裝訂（把印刷好的書移至裝訂廠，摺紙後裝訂。平裝本需兩天，精裝本要一星期以上）。

⑦ 樣書完成（完成後的樣書寄達出版社）

〔重新製版〕

　　到了前述流程的「製版」階段，如果必須修改檔案，要重新製版；如果是修改彩頁，即使只有一頁，也必須重出CMYK四塊版，很耗費時間跟金錢。

此外，一旦進入前述流程的印刷／裝訂階段，如果還要修改，需要置換包含修改頁的那一台的印版並重新印刷，這樣的修正尤其耗費時間和金錢。同時因為還需要更多紙張，必須請印刷廠安排，由於有些紙張可能無法立即供應，必須格外注意。一般印刷完成後，會出「毛裝本」（也稱為「初印本」。指已印刷但還沒裝訂的狀態）」。仔細檢查毛裝本，確定沒有致命的錯誤才可以安心。因為重新製版的時間和金錢很可觀，所以如果不是致命的錯誤，一般小錯就略過不理了。

　　樣書完成後才發現錯誤，有幾個相應的處理方式。

- 書衣、書腰：重新製版
- 內封：重新製版或是照原樣。裝訂後發現忘了放書名的話，也可以貼上貼紙。
- 內頁：只替換一頁（正反一張）的情況，就是「抽換一頁」。用刀子裁下那一頁，把修正後頁面以手工貼上。如果有很多地方錯誤的話，就夾進一張訂正（勘誤）表。

　　這些工作都請印刷廠進行。印刷冊數或修正處越多，就會造成越多損失，請千萬注意。尤其在越後面的環節發生修改，損失越大。發現錯誤時，請馬上和印刷廠聯絡吧。

24 ｜製作電子書（如果有必要的話）

　　因應最近電子書讀者的增加，有時也要製作電子版本。有些作者不接受電子書，所以請務必取得作者的同意再著手進行。若要製作電子書，順序如下。

〔流式〕

　　小說之類以文字為主的書籍，多是以「流式」製作電子書。所謂流式是從書中調出文字和圖版檔案來重新編排，在電子書閱讀器上能自由放大縮小的格式。好處是讀者能改變字體和文字大小，也可以使用語音朗讀功能等。不過因為轉換成閱讀器能呈現的形式，版面變得跟紙本書不同。

　　用流式做電子書的時候，我把InDesign檔案交給電子書製作公司，委託他們製作。比起版式，流式的製作需要更多時間和費用。

〔版式〕

　　偏重視覺的書，多半製作成「固定版式」的電子書。固定版式，一如其名，版面和紙本書相同，形式固定。優點就像剛才所說的，可以和紙本書以相同的版面閱讀。缺點則是如果閱讀器螢幕較小的話，不放大畫面就很難閱讀。

如果是製作版式電子書，把整份PDF檔交給電子書製作公司，委託他們製作。比起流式，製作時間較短，成本更低。

製作電子書籍的公司很多，小規模出版社常委託的有下列幾家。

▶電子書相關公司

- VOYAGER（製作＋電子經銷）
  https://www.voyager.co.jp/

《重點學習，LOGO 法則 150》（BNN）電子書。上：流式，下：版式

- DNP Media Art（製作）

  +MobileBook. JP Inc.（電子經銷）

  https://www.dnp.co.jp/group/dnp-mediaart/

  https://mobilebook.jp/

- Smart Gate（製作）

  https://smartgate.jp/

因為銷售平台不同，傳送的電子書格式因此有所不同，所以必須製作多種檔案格式。

關於電子書的銷售方式，將於第2章說明。

25 ｜ 確認毛裝本或樣書

　　工作完成，如果沒有問題，印刷廠就會寄出毛裝本或樣書。要馬上進行檢查，如果有問題就聯絡印刷廠。就算沒有任何問題，也要告知印刷廠已經收到了毛裝本或樣書。因此，為了能馬上確認毛裝本或樣書的送達，此時最好不要安排出差或旅遊行程。因為若發生任何事情，無法迅速處理。

　　以下，是在檢查毛裝本或樣書時會發現的問題。

- 用紙或印色出錯
- 抽換的地方沒改
- 顯色非常奇怪
- 出現達到無法出書程度的重大錯誤
- 出現沾黏（墨水滲透，導致紙張沾黏的現象）
- 裝訂出現問題（例如大幅度歪斜導致書碼被裁剪掉等）

　　如果發生了無法發行的大麻煩，馬上和印刷廠聯繫，討論處理方式吧。

26 ｜寄送樣書給製作相關人士和媒體

　　樣書沒問題的話，先寄給作者和設計師。因為在這個階段，還是有可能發現錯誤，請他們立即確認吧。之後，若無問題，送書給協助製作的人、採訪對象、圖像提供者。其他例如可能願意寫書評的人、報紙、雜誌、網路等媒體，並附上新聞稿。如果新書出現在書評中，書店的訂單就會增加，所以要寄給可能評論的媒體。最近點閱率高的網路媒體，是出版社主要贈書對象。

　　而在近年，贈書給X（舊名Twitter）或Instagram等SNS上粉絲眾多的網紅，或是擁有大量訂閱的YouTuber變多了。寄書給可能對這本書感興趣的朋友，會有助於他們在Amazon上撰寫發表書評。結合網路媒體和SNS社群宣傳已經逐漸成為主流。有效的網路宣傳，是增加讀者的關鍵。最近的暢銷書，似乎許多作者是社群媒體的網紅或是YouTuber。

27 ｜行銷活動（撰寫活動企畫和新聞稿）

　　新書出版之前，就要啟動宣傳和行銷。行銷活動，是為了告知讀者新書出版訊息，以及吸引消費者買書的宣傳活動。

〔新書宣傳〕
　　最有效的宣傳就是由作者親自宣布。如果作者有SNS社群帳號，要請他在X、Facebook、Instagram等發布出書訊息。配合作者宣布的時機，出版社最好也在SNS社群或網站上同步公布訊息。因為發文過多會造成干擾，必須斟酌要以什麼樣的頻率貼文。

　　在網友最頻繁瀏覽社群訊息的時間區間發文很有效。追蹤者眾多的人的RT（retweet，分享轉推）也容易擴散，為了讓更多人注意到，請在文案上多下工夫。比起只有文字，加上圖片更容易被轉發。譬如左邊放書封照、右邊放內頁照，兩張並列的話，顯示時圖檔不會被裁切到。一張大圖，或是放四張小圖，也是很有效的做法。別忘了，也要放上書介的網頁連結。

　　如果可能的話，也建立這本新書的專門網站，放進書籍的詳細資訊，然後貼上Amazon的書籍頁面和自己公司直營網站的頁面連結，讓讀了內容的讀者可以提前預購。預購量越高，

《「美書」的文化誌》的
X宣傳頁面。

Amazon越願意進貨。為了充分傳達書籍內容，可以預先公開更多內頁的視覺圖像或文字內容。為讀者提供即使還沒看到書也想入手的資訊是很重要的。即使只有一個首頁的專門網站就夠了，可以使用免費製作網頁的網站服務，不用再建立新的網域，放上書籍資料、目次、封面、內頁圖像等最少量的元素即可。因為只需要簡要資料，所以也建議開設書籍專用的網站和X帳號。

〔電子郵件〕

除了透過社群網站通知出書，也藉由電子郵件發新聞稿。因為很多人未必關注社群媒體，也沒有帳號，所以就用電子郵件發訊息。可以的話，一一個別寄出信件，而不是一次性密件副本所有信箱。個別寄信的話，也容易請人撰寫書評、在學校等地幫忙宣傳，或是在Amazon分享感想等具體的協助。寄送

新書給較願意協助宣傳的人——因為是直接拜託，因此僅限於關係較親近的人，但效果顯著。

〔傳單〕

如果是專業書籍，可以寄傳單到該領域的學校，或是目標讀者比較會前往的地方（例如店家或展示會場）。傳單不妨在網路上訂製，可以便宜下單。比起單獨寄送DM，寄送到各機構單位更節省郵資，又可以讓更多人看到。

〔書評〕

如果要讓大量不特定的人注意到新書資訊，可以送書給在報紙或雜誌等書評欄目的寫作者。近來送書給網站等數位媒體的情況也變多了。我們也會將新書和新聞稿寄送給相關領域的網路媒體。如果能在發售前就刊登相關消息，因為能直接導購到網路通路，會產生非常大的影響力。

還有，雖然在電視上被介紹是很不容易的，但例如有名人參與的話題性節目，新書也可能被提到。如果書籍是特定演藝人員可能感興趣的內容，也可以寄書給經紀公司。最近也有很多出版社會寄書給訂閱人數眾多的YouTuber，或是在X追蹤者較多的網紅。

《「美書」的文化誌》的傳單、報紙書評、辦公室展示

Book&Design

〈美しい本〉の文化誌　装幀百十年の系譜

臼田 捷治 著

**明治以降110年350冊の美しい本でたどる
日本のブックデザインをまとめた決定版!**

夏目漱石『吾輩は猫である』以降、約110年間に日本で刊行されてきた、美しい本350冊を振り返り、ブックデザインの変遷をまとめた本です。
ベストセラーや話題になった装幀のほか、村上春樹『ノルウェイの森』など著者による装幀、恩地孝四郎や芹沢銈介など工芸家による装幀、文化人や編集者による装幀を紹介。書籍で使われてきた用紙や書体に至るまで、あらゆる角度から解説。著者は『装幀時代』『現代装幀』『装幀列伝』『工作舎物語』など、装幀に関する書籍を多数執筆している臼田捷治氏。
日本の造本文化を支えてきた装幀家、著者、編集者らの仕事でたどる日本近代装幀史の決定版です。

【目次】
第一章：日本の装幀史を素描する
第二章：目も綾な装飾性か、それとも質実な美しさか
第三章：様式美を支える極美装幀体と〈個〉の歩みと
第四章：装幀は紙に始まり紙に終わる―書物のもとをなす〈用紙〉へのまなざし
第五章：装幀板なしの装幀〈の旗魂の書く者自身、詩人、画家、編集者による実践の行方
第六章：タイポグラフィに基づく方法論の確立と書き文字による反旗と
第七章：ポストデジタル革命時代の始動と身体性の復活か

【著者プロフィーム】
臼田 捷治（うすだ・しょうじ）：1943年、長野県生まれ。「デザイン」誌（美術出版社）編集員などを経て1999年からフリー。グラフィックデザインと現代装幀史、文字文化分野の編集協力および執筆活動に従事。おもな著書に『装幀時代』（晶文社）『現代装幀』（美学出版）『装幀列伝　本を設計する仕事人たち』『杉浦康平のデザイン』（ともに平凡社新書）『工作舎物語　眠りたくなかった時代』（左右社）。編著に『書影の森　筑摩書房の装幀 1940-2014』（みずのわ出版）などがある。

【書籍概要】
仕様：四六判／九夏上製本／336p（カラー口絵16p+モノクロテキスト320p）
　　　ISBN 978-4-909718-03-7／¥3070／本体 3,000円+税
刊行：2020年4月中旬予定（トランスビューの注文出荷制）
執筆：臼田捷治／装幀：佐藤篤司／印刷：藤原印刷

発行：Book&Design
info@book-design.jp　http://book-design.jp
（内容のお問い合わせ、取材・書籍のリクエストは、Book&Design まで）

本書は Book&Design の直販サイトからもお求めいただけます。
https://bookdesign.theshop.jp

〔辦活動〕

　此外，出版社有時候也會辦活動。一般是在書店舉行作者演講或是簽名會。書店也會配合活動進書，所以能接到較大筆的訂單。小說等作品，多半會舉辦作者或相關人士的演講；如果是名人，會進行簽名會；攝影集或作品集等圖像書，則常籌備展覽等活動。活動內容就和書店討論後決定。

　除了書店，也會在和作者有交情的咖啡館或藝廊舉辦展覽之類的。如果是展覽，資訊網站可能會報導介紹，增加宣傳機會。攝影集或作品集等圖像書，如果能同時企畫展覽是最好的。相反的，也有為了配合個展或其他展覽而出書的情況。盡量善用讀者（客戶）群聚集會的機會吧。

　撰寫這份書稿的時候，新冠疫情尚未結束，書店的演講等活動還是受到很多限制。代之而起的是線上對談，以及在書店直營網站賣書等新型態的宣傳方式。線上活動的優點是，平常無法親臨現場的遠方人士也能參加，以及沒有人數限制等。但是，隨著免費活動的增加，收費活動的集客門檻提高了。為了讓客人有「無論如何都想參加」的強烈動機，不只要吆喝客人來參加，重點是好好推敲活動內容，做出好企畫。

〔舉辦時期・通知時期〕

　書籍出版時間越久，越難吸引讀者來參加活動，最好能在

發行後一個月內舉辦活動。

　　實體活動，如果很多讀者是下班後順路經過，就辦在平日晚上；如果週末有許多人會來，就規畫在週六或週日。工作比較繁重的星期一晚上，或是想在家裡悠閒度過的星期日晚上，人們參與意願較低，就盡量避免。平日的話，工作相對不忙的週三或四晚上為佳。星期五晚上則可能安排別的行程或是工作拖到很晚。最好把活動安排在盡可能多人會前來的時間。

　　此外，展覽大多持續一兩個星期左右，不過也有只辦在週末的。建議安排在週五、六、日，這樣下班後的人可以在星期五前來，與家人同行看展的人可以在週六、日參與。最好是書店或咖啡店等不需支付場地費的地方。我會在自己公司附設的畫廊舉辦所出版書籍的展覽。出版作品集等藝術類書籍的出版社，如果能將辦公室的一隅安排成展覽空間也不錯。

　　預告出書、行銷宣傳時，要想盡一切可能的方法，盡可能不要花錢。因為不知道會在什麼地方、被如何介紹，竭盡所能增加曝光。出版越久，宣傳效果越薄弱，所以宣傳最好能集中在出版前到發行後一個月左右的期間。

28 ｜收請款單，處理付款

〔付款給作者（出版合約）〕

　　寄樣書給作者、製作相關人士時，也要聯絡付款事宜。首先要聯繫作者。支付作者版稅前，要簽訂出版契約。作者在執筆寫作之前，先同意了合約內容，由出版者擬定合約初稿（參考「2.和作者開會」），這時則準備好填上了本體價格、發行冊數、版稅率等的正式出版合約。

　　合約製作完成後，請確認下列項目是否遺漏。

▶合約中記載的項目
- 書名
- 作者【甲：著作權者】、出版者【乙：出版權者】的姓名、簽章、簽約日
- 從簽約到出版的期限
- 作者贈書的冊數（5～10本）
- 作者購書的折扣（70%～80%）
- 將完整稿件交給出版社的日期
- 出版合約的有效期限（3～5年）
- 價格、首刷冊數、版稅率（5～10%）、預付版稅還是實銷版稅、版稅支付金額

《「美書」的文化誌》出版合約

出 版 合 約

作者名： 臼田捷治 _____

書名： 「美書」的文化誌——一百一十年的裝幀系譜 _____

關於出版上述著作

以 著作權者 臼田捷治 為甲方，

以 出版者 Book & Design 為乙方，

兩者簽訂以下合約。

2020 年 3 月 26 日

甲（著作權者）

　地址

　姓名　　　　　　　　　　　　　　　　　印

乙（出版權者）

　地址

　名稱　Book & Design

　姓名　宮後優子　　　　　　　　　　　　印

_____

出版合約一式兩份，出版者簽名、蓋章後寄給作者。請作者也簽名蓋章後，一份由作者保管，另一份請作者寄回出版者處。之後就依首刷冊數支付初次的版稅。支付日由每個出版社自行設定，但一般是簽約後隔月或是再隔月。

關於版稅支付金額，如同「2. 和作者開會」所解說的，依據預付版稅和實銷版稅，支付金額與支付期程會有所不同。即使是預付版稅，是支付首刷發行冊數的全部嗎？還是只先支付首刷冊數的 50% ～ 70%，支付金額會有所不同。

例如書籍本體價格 3000 円，首刷 1000 冊，版稅 10% 的情況，用預付版稅的方式，全額支付首刷冊數，版稅是 30 萬円；然而如果只支付首刷冊數的 50%，首刷發行時先付 15 萬円，結算時如果已賣出 800 冊，就再支付 300 冊的版稅 9 萬円。每年年底結算收益，再追加版稅給作者[22]。

支付稿費的話，只在首刷發行時支付，再刷或是推出海外版本時也不另行追加款項。不過，如果作者提出要求的話，我想最好還是誠心誠意地討論。

22　台灣版稅的結算時程依出版社而異，也有每半年結算一次的。版稅率亦因出版社與作者而異。

順道一提，電子書的版稅結算方法和紙本書不同。紙本書的話，如果是預付版稅而非實銷版稅，是依照首刷冊數來計算版稅；但是電子書是以實際進帳金額來計算版稅。實際進帳金額指的是電子書籍販售後，支付給出版社的數字。紙本書的話，支付給出版社的金額會是本體價格的60% ～ 70%，電子書的話是50% ～ 60%左右，跟紙本書相比較少，其中有15% ～ 30%是給作者的版稅。

〔付給作者以外的人（請款單）〕

　　關於作者以外的費用，像是設計師、寫手、翻譯、校對、插畫家、攝影師等協助製書的人們的款項，要一一告知支付金額，請他們提出請款單。提出請款單時，請他們填寫下列項目，留意避免填錯。收據的話，用PDF寄送亦可。

▶請款單上的填寫項目

- 請款的出版社（者）名（要記載是法人還是個人）
- 書名
- 項目（記載設計費、攝影費等）
- 金額（清楚註明含稅或不含稅）
- 匯款帳戶的詳細資訊（銀行名、分行名、帳戶名、一般帳戶／支票存款帳戶、帳號）
- 領款人的詳細資訊（公司名、姓名、地址、電話號碼）
- 請款日期

最好也能告知請款人以下事項：

· 請款單的寄送期限
· 預定付款日期

〔付款給印刷廠〕

告訴印刷廠「請寄估價單」，對方就會寄送記載了最終確定金額的估價單。

請和最初拿到的估價單比較，有任何疑問即詢問印刷廠。有時候因為紙張費用調漲，或是修改的費用也列入計算等無可避免的原因，所以比一開始的估價金額還高。但偶爾也會發生負責印刷工作的承辦人出錯，所以請仔細確認明細。如果修正、更換的檔案太多，修改費會被加進去，而比預期金額還要高。如果是出版社的原因，那也沒辦法；如果是印刷廠方面的原因而提高費用，可以試著商量，看對方是不是能讓步。

如果估價單內容沒問題，就收下請款書。支付款項給印刷廠的日期，是雙方開始合作時彼此討論決定的。聽說如果是初次合作，多半在印刷前預付一部分款項，剩下的在交件後付費。第二次之後，則是交件後付費，多半是收到請款單後的隔月或是再隔月付款。

開始經營一人出版社的時候，會擔心「個人工作不太容易

被信任，印刷廠會不會不願意接我的案子？」但是第一次合作時，提前付款就能交易了。印刷廠因為必須先進紙張和墨水等材料，所以第一次合作時會盡量收取預付金。有過合作經驗，第二次之後就能在印刷後付款。不過有些印刷廠即使合作過，也要先收預付金。關於付款時間，請務必事先和印刷廠確認。

29 | 到書店巡查

　　由經銷商配書發行，一般是樣書做好後大約兩個禮拜會配送。如果是直接運送書到書店，會在發貨的隔天到數天內進到書店。

　　我會實地確認書籍發行後在書店店面的狀況，書本是否擺在心中想陳列的區域，和什麼樣的書放在一起？取得書店同意後，拍攝現場照片，放在X上宣傳。如果是訂購後才出貨，只會在下單的書店販售，所以告知讀者書籍在什麼地方展售也很重要。

　　和Amazon直接交易的話，從Amazon專用頁面上傳書籍資訊。如果不是直接合作，不能直接上傳資訊。在Amazon上

《「美書」的文化誌》在 Amazon 的商品資訊頁面

新登錄的書籍情報一旦確認，書籍資訊就會自動更新。

但是，如果一上市就斷貨的話，就不能加入購物車（Amazon一旦沒有庫存，客戶無法購買，購物車會被關掉）。直到Amazon倉庫補貨之前，購物車都不會開啟，所以也不能訂購書籍了。販售新品的購物車不能買，但相同介面的舊書區，曾有人不小心買到轉售業者用誇張的售價上架的舊書，這種受害情況不斷發生。因為目前沒有相應的對策（如果跟Amazon聯繫，請他們處理，會被建議請出版商和讀者直接交易），所以我會在名為「Market Place」的網店二手書區以出版商的身分，用定價上架新書。

Market Place的平台銷售有大量上架和少量上架。大量上架的單筆手續費很便宜，但按月收取手續費。少量上架雖然不需繳月費，不過單筆的手續費稍高。選擇採取哪一種形式，因為中途還能變更，所以可以根據交易量來考量。

30 ｜注意發行後的銷量，適時追加訂單

　　書籍發行後要持續注意銷售的節奏，有沒有追加的訂單。一旦得知報紙刊載書評的時間點，就要寄給書店追加訂單的傳真。書評一刊登，來自書店的訂單就會增加，因為除了展售需求，也會有更多「想買報紙介紹的那本書」的顧客來訂書。

〔再刷的判斷〕

　　書店訂單很密集或庫存快見底時，準備再刷。如果要修改首刷檔案，必須準備修正檔案，安排印刷工作。再刷快的話也要兩週，講究製作的書還得更久，所以如果銷售狀況良好，早點準備再刷工作吧。

　　麻煩的是退書多的情況。雖然訂單很多，再刷了，但是退書也多，結果根本可以不用再刷……。因為退書的數量很難預估，經驗豐富的出版人也可能誤判情勢。

　　如果是細緻講究的書籍，少量再刷不符合成本，這種情況，即可能無法再刷。一開始就稍微提高價格，設定成即使少量依然能再刷。無論如何，重點是在製作初版的時候，再刷成本的試算就要做好。

平版印刷（Offset Print）的再刷如果不敷成本的話，也可以採用短版印刷（On Demand Print，或稱按需印刷、隨需印刷）。短版印刷和彩色影印一樣，都是一本也能印，適合少量印刷。最近短版印刷的品質大幅提高，聽說也能製作美術全集等作品。每冊的成本比平版印刷更高，不過如果是高單價的書，可以回收成本，所以有考慮的餘地。

試算後，如果不敷成本無法再刷，也有出版幾年後再製作修訂版的例子。修訂或增補（增頁）一部分內容，並在書名加上「修訂版」「新版」等副標，申請新的ISBN，可以當作新書重新配送。如果是這樣，為了不讓已購買初版的人誤買，要明確標示修訂版的資訊。

此外，某家出版社斷貨的書，在其他出版社重出時，也會以修訂版的方式重新上市。因為出版社不一樣，加上新的出版社的ISBN，出版時就是不同的書籍。可能有很多讀者已經買了上一版，所以修訂版不一定好賣，但如果有需求的話，也可以思考這個做法。

以上是做書、賣書的一系列流程。經營出版社，就是每次都要重複這個流程。為了不要陷入「我試著做了一本書，但企畫跟資金難以為繼」的困局，兼顧做書的製作面和資金進出的財務面很重要。

雖然做了想做的書卻完全不暢銷，錢進不來，沒辦法做下一本。在一人出版社沒有「這本最好不要出」的制止聲音，自由的反面，是什麼書都能出的恐怖感。所以不光是「我想出這本書」的強烈熱情，還需要「損益能平衡嗎？」的冷靜判斷。當然也可聽取別人的意見，然而做出最後決定的終究是自己。一個人，以既是創作者又是經營者的身分做書，這就是一人出版社的有趣之處吧。

《字體裡的細節》的初版（左）和修訂版（右）。
因為出版者不同，換上新的 ISBN

BOX
書款進帳的期限

　　圖書售出之後，要結算銷售金額。委託經銷商的話，經銷商會支付銷售金額。不同經銷商的付款期限不一，不過若是新書，一般是在發行半年後結算，很多是結算後隔月支付。

　　若是直接和書店往來，初次配送的書籍多是發行後的隔月或三個月後結算，隔月支付。和Amazon直接交易的話，發行後兩個月後支付，出貨價比書店更低。對營運出版社來說，多久才能收到貨款，是很實際的問題，開始交易前請務必確認。

　　書的出貨價（批貨折扣）依據經銷商、出版社、書店而各有差異，所以用一開始決定的折扣計算。越新的出版社折扣越低（交易條件差），老出版社批貨折扣高（交易條件好）。批貨折扣的設定非常重要，和經銷商討論批貨折扣等交易條件時，要謹慎地交涉。

做直營網站的方式

如果想直接向讀者銷售書籍，可以使用直營網站。自己建構付款網站很麻煩，但是現在有可以簡單製作直營網站的網路服務，善用那些網站吧。主要的網站服務如下：

▶主要直營網站

· BASE　https://thebase.com
· STORES　https://stores.jp

用 BASE 製作的 Book & Design 直營網站
https://bookdesign.theshop.jp

使用這些網站服務就能免費又簡易地開設網路商店。商品的新增、刪除、修改都沒問題，使用非常方便。有任何疑問就寫電子郵件詢問，有紮實的支援系統。可以使用不需要基本費的免費方案，銷售金額扣掉手續費後，會匯到銀行帳戶。

在新冠疫情導致書店停業的緊急事態時期，因為直營網站，我得到很大的幫助。Book & Design也有直營網站，那個時期，讀者的訂單特別多。可以用信用卡直接訂購，書籍很快到貨，讀者也開心。雖然要輸入住址和信用卡卡號等資訊，但可以使用Amazon Pay，有Amazon帳號的話，不需要再輸入那些資訊。我想未來也會進化得越來越好用。

直營是直接連結出版社和讀者的方式，也是讓讀者認識自己公司其他書籍或培養忠實讀者的好機會。因為是和讀者接觸的直接管道，真心且仔細的態度非常重要。

降低書籍運費的訣竅

開始一人出版社以後，繁雜程度出乎意料的工作之一是書籍的寄送。當出現來自經銷商、倉庫、書店、讀者的訂單時，就要寄書，怎麼節省運費大大地影響了一人出版社的經營。根據書籍冊數和重量，使用不同的宅急便和郵寄，我盡可能選擇更便宜的寄送方式。

宅急便因為大小、重量、地址等會產生不同的運費，訣竅是盡可能精簡。基本上將書本放進紙箱寄送，為了不被雨或雪淋濕，建議將書箱放進塑膠袋。

還有，為了不讓卡車卸貨時的衝擊力損壞書籍，把書放在紙箱正中間，周圍包上紙板或緩衝材料。書籍不直立，一定要水平橫放，才會更穩定，防止運送過程中紙箱裡的書籍因為晃動而摺了角或是造成書腰破損。

另一方面，讀者的訂單只有一本而需要配送的話，最好透過郵寄，這在日本全國是收取單一費用的。這裡要注意的是，書本厚度超過3cm，大小超過A4的話，運費就會變貴。3cm以下，A4以內的話，可以用下列任何方法運送。一般寄書，Click Post（クリックポスト）最便宜。

▶郵寄的種類

- Smart Letter：日本全國一律 180 円

  尺寸 25×17cm（A5 大小）、厚度 2cm 以內、

  重量 1kg 以內

- Click Post：日本全國一律 185 円

  尺寸 34×25cm（A4 大小）、厚度 3cm 以內、

  重量 1kg 以內

  ＊須事先登錄 Yahoo！JAPAN 的 ID 及信用卡。

  也可以用 Amazon 帳號／ Amazon Pay 支付

- LetterPack Light（藍）：日本全國一律 370 円

  尺寸 34×24.8cm（A4 大小）、厚度 3cm 以內、

  重量 4kg 以內

  ＊ Letter Pack（紅）只要能放進信封袋，就沒有厚度限制，

  重量 4kg 以內 520 円

  https://www.post.japanpost.jp/

  （2022 年 7 月時間點）

BOX

倉儲

一旦開始從事出版業，就會遇到庫存與管理問題。剛開始的前一兩本，還可以放在辦公室或自宅，但出版本數增加以後，最好還是存放在倉庫。

找倉庫的時候，請其他出版社介紹他們使用的倉庫，知道評價和使用心得比較安心。

和 Amazon 直接來往的話，可以存放在支援 Amazon 的倉庫，請他們出貨。如果是透過 Transview 處理，就寄放在 Transview 指定的倉庫，並支付費用[23]。

倉儲成本，除了基本的寄放費用，還要加上書籍每次進出貨的費用。庫存和退貨越多，倉儲費也越高。庫存量太大、沒有出貨前景的話，有時也會裁掉庫存的書籍（銷毀）。

23　2001 年創立於東京的出版社 Transview，不透過經銷商，而是接受書店直接下單，一本即可下訂。目前委託 Transview 進行配送的出版社已逾百家（頁 184）。

番外篇

翻譯出版

翻譯書的出版流程

接下來要說明的是，製作外國書籍的日文版本（翻譯書）的翻譯出版流程。所謂的「翻譯出版」，指的是取得在日本以外國家出版的書籍的日文版權，再進行翻譯、發行的工作。現在有很多外國暢銷書翻譯成日文出版，大家應該不陌生。

一般來說，翻譯書的出版流程如下。將逐一說明。

1. 取得想翻譯的原書和PDF檔案
2. 向原書出版社詢問版權並提案
3. 取得版權後的簽約與付款
4. 製作翻譯書並接受原書出版社的審查
5. 出版翻譯書

1 │ 取得想翻譯的原書和 PDF 檔案

　　首先，要取得想翻譯的書。在外文書店或網站上購買原書，或是和原書的出版社聯絡，請他們寄送內頁 PDF。有人直接和原書出版社聯繫，也有請版權代理居中聯繫協調的。

　　版權代理指的是專門從事翻譯書版權交易的公司，版權代理會收取費用，但能幫忙居中交涉，處理契約。在英文不夠好或是初次交易的不安情況下，委託版權代理會比較順利。此外，也有原書出版社要求「希望版權代理居中協調」的例子。

▶各代理公司

- Tuttle-Mori Agency
  https://www.tuttlemori.com

- 日本 Uni Agency
  https://japanuni.co.jp

- CREEK & RIVER
  https://www.cri.co.jp/index.html

2 ｜向原書出版社詢問版權並提案

　　確認原書或 PDF 檔案內容，如果想出版的話，聯絡原書出版社或是版權代理，確認日文版的版權狀態。如果日文版版權還沒被拿下，提出取得版權的條件（提案）。進入具體告知對方打算付多少預付金（advance）的交涉階段。

　　預付金有幾種提案方式，包括告知支付金額的最高上限，或是依據每本書的版稅計算。如果以版稅計算，可以參考以下計算公式。

　　日本的銷售價格 × 版稅率 × 印刷本數＝預付金額

　　例如，3000 円、版稅 6%、2000 冊的情況，預付金是 36 萬円，一開始出價要比這個數字低。特別是美國的出版社，很多會要求「希望你們再稍微提高預付的金額」，所以一開始出價先設低一點，之後再提高金額比較容易過關。

　　當然，暢銷書因為其他出版社也會出價，提出大量印刷冊數或高額預付金的出版社更有利。一人出版社和大出版社相較，沒有資金，所以有時在提案階段就輸了。

提案獲得通過，就要支付該提案金額，所以要提出實際上付得起的數字。合約寄到的一個月內未付款，提案可能無效。

提案時，要傳達給原書出版社下列事項：

▶提案時的傳達項目

- 預付金的金額
- 預計銷售冊數
- 版稅率
- 是否為版權合約（是版權合約還是共同製作？）
- 電子書的有無
- 預定出版時間
- 其他，期望事項（例如改變封面設計或版型、想追加書中原本沒有的文章等）

如果是視覺類書籍，請確認可以簽版權合約還是共同製作（co-production）。若是簽訂版權合約，取得版權以後，會收到版面檔案，因為在日本印刷，所以能自由決定出版時期。另一方面，共同製作的意思是，配合與原書出版社簽約的其他語言版本，一起印刷，藉此降低印刷成本。這種方式，常用於藝術書等彩色視覺效果較多、印刷費用高昂的書籍，一旦採取共同製作，印刷時程是由原書出版社決定的，進度上較受限制。另外，因為在海外印刷，有時會出現印刷品質良莠不齊的狀

況。如果能選擇版權合約，就盡量選擇能在日本控制時程和品質的合約吧。

　　提出這些提案條件以後，請原書出版社評估。評估的結果，會直接或透過版權代理傳達。根據我個人的經驗，透過作者，向原書出版社提案，似乎比較容易取得版權。特別是剛成立的一人出版社，因為還沒有實際的成績，透過作者也許會比較順利。

3 | 取得版權後的簽約與付款

提案被接受以後，原書出版社會製作合約和請款單（如果透過版權代理，請款單就由代理製作）。合約和請款單到了以後，請馬上確認和最初提交的內容是否一致。實際上，我負責的書籍，曾經因為合約上的最低發行冊數出現錯誤，所以請對方修正。迅速確認合約上是否列出未承諾過的事項，非常重要。在日本的大出版社，法務部門會協助確認合約內容，一人出版社則必須自行確認。如果擔心英文問題，可以請人幫忙確認，或是使用DeepL等翻譯網站仔細檢查。

合約內容沒問題的話，就由公司代表簽署名字。如今，除了紙本合約，也有以DocuSign等電子合約替代的。因為無法重來，請仔細檢查內容後再簽名。

另一方面，關於請款單，請款的數字包括預付金跟檔案費。請檢查是否和雙方談定的金額不同。檔案費指的是書籍的排版資料（用InDesign等做的檔案）的費用。小說等讀物，因為要重新編排成直書的日文格式，不需要原書檔，所以有時候不需要支付檔案費。

相反的，圖像較多的書籍就必須有原書的排版檔案。一旦

照片或插畫的製作較繁複龐雜，檔案費有時會提高。有時候預付金不高但檔案費很貴，所以提案前請確認檔案費。設計類書籍，檔案費行情似乎落在1000美金左右。如果對方提了1500美金的檔案費，也可以請他們調降預付金，調節整體金額。

此外，付款時要注意匯率。因為版權代理在開立請款單時，匯率有時更高。實際上也遇過匯率用120円計算的請款單，當時匯率是一美金兌110円。因為匯率差異，支付金額可能會貴好幾萬円，一定要注意。

這種情況，請對方用實際支付的前一天匯率重新計算。重新計算匯率時，使用TTS（賣出）而不是TTB（買進）的金額。經常付款給海外的話，可以開美金存款帳戶，從那帳號付款。

完成合約並付款後，原書出版社會寄排版資料過來。多半是透過WeTransfer傳送檔案，不過有下載期限。請馬上下載檔案，檢查檔案能不能開啟，是不是包含所有圖檔。否則，之後發覺有問題才向對方提出，會花較多時間處理。

日本版如果直接使用對方提供的排版檔案，不太會發生問題；但如果要改變版型，僅複製貼上圖檔素材的話，請特別注意。原書排版所設定的圖層和風格，有時候不適用於日文版InDesign，會發生圖的長寬比例改變或是圖檔跑掉的問題。

Book & Design 出版的翻譯書《字體裡的細節》。
左起原文德文版、英文版、日文版

4 ｜製作翻譯書並接受原書出版社的審查

　　之後的製作流程和日文書一樣，只是日文書沒有**翻譯**工程。除非編輯自行翻譯，否則就要尋求外部的譯者。如果有**翻**譯過原書作者其他作品的譯者，可委託那位譯者，如果沒有，就委託嫻熟該領域的譯者。

　　可以直接委託譯者，也可以透過代理人介紹。如果透過代理人，可以保證品質，幫忙尋求能在截稿時間內完成工作的譯者，不過會收取手續費。如果是第一次合作的譯者，不妨請對方試譯，確認文章的感覺再進行。尤其是小說，**翻譯**是左右書籍整體感覺的要素，建議充分評估後再委託譯者。

　　篇幅較多的小說，可能會請幾個譯者分攤**翻譯**，但每個譯者的寫作習慣不同，所以要請譯者們依循主要譯者的文體風格工作。而為了讓整本書的語調一致，有必要調整最後的譯文。

　　翻譯完成以後，要把譯文放進原書的排版檔案中，製作成日文版的版面。版面做好後，請譯者校對，編輯也開始校對[24]。

24　在台灣，譯稿完成後，未必會請譯者進行排版稿的校對工作。

同時也進行日文版的封面設計。因為書名也變成日文，有時候不容易維持和原書一樣的設計。能不能改變原書的設計，在簽約時就得確認。出版前把封面設計和內頁版面寄給原書出版社，取得對方同意。如果維持原設計，只是書名換成日文就不會有問題，但如果換成截然不同的封面設計，最好早點寄給對方確認。

　　無論如何，如果無法得到原書出版社的同意，就不能發稿給印刷廠。很多出版社需要至少一週確認，有些則要花上兩週以上，因此要盡早寄出封面設計和內頁版面。尤其是歐美的暑假和聖誕假期前，有很多承辦人員請長假，不太會回信。如果發稿期間迫在眉睫，可能會很擔心來不及，所以請注意要早點進行。

5 ｜出版翻譯書

得到原書出版社的同意後，就發稿到印刷廠。之後的流程和日文書一樣。樣書完成後，照著合約上寫明的冊數，把書寄給原書出版社和版權代理。給原書作者的贈書，原書出版社會寄送，不需特地從日本寄出。

從樣書完成到上市發售，流程和一般書籍一樣，不過翻譯書因為作者住在國外，很難舉辦書店簽名會或演講。高知名度的作者或是受矚目的主題，也許可以投放廣告或是請書店大力宣傳，但如果都不是，就有難以宣傳的缺點。委託居住在國內的名人翻譯或是審訂，也是更容易宣傳的方式。

因為已有原文書，比起從頭開始寫作的書籍，翻譯書的優點是出版時程更容易確定，但隨著如今出版社的遠距工作模式，聽說合約製作都會延遲。我負責的翻譯書，從提案確定到合約簽訂完成，有花上三個月。因為越大型的出版社，其間檢核的人越多，行政事務容易累積堆疊，合約之類的文件就延遲了。即使我們想按照計畫進行，也可能因為對方的情況而遇到難以預期的拖延，這點請注意。

相反的，收到外國出版社的提案需求時，也適用於相同的

程序。目前版權買賣很興盛，還有像法蘭克福書展等能跟外國出版社洽談的國際型書展。

▶海外書展

＊ 法蘭克福書展（世界最大型書展，10月中旬舉辦）

https://www.buchmesse.de/en

＊ 倫敦書展（3 ～ 4月舉辦）

http://www.londonbookfair.co.uk

＊ 波隆那童書展（繪本，義大利，3 ～ 4月舉辦）

https://www.bolognachildrensbookfair.com/home/878.html

＊ 哥特堡書展（北歐書，瑞典，9月舉辦）

http://goteborg-bookfair.com

此外，雙語的藝術書也可以透過經銷商在海外販售書籍。

・ Idea Books（荷蘭）

https://www.ideabooks.nl/

・ Art Data（英國）

https://artdata.co.uk

- 日販IPS（亞洲）

  https://nippan-ips.co.jp

法蘭克福書展會場

第 **2** 章

如何賣書

在書店流通之必要

第1章說明了怎麼做書，在這第2章，重點會放在怎麼賣書。

賣書，一般會聯想到的印象，是將書籍放在書店販售。出版社為了讓所出版的書籍在書店流通，必須遵循一定的程序。

大多數出版社是透過經銷商進入通路的。所謂經銷商，是介於出版社和書店之間，從事出版品流通和收取費用的公司。從每個出版社配書到各書店並收取書籍費用，其間的物流和行政工作非常繁雜。為了順利進行，經銷商會代為處理物流和費用收取的作業。

出版經銷最初源於明治時代的雜誌經銷，大正時代開始經手書籍，戰後轉為現今的流通。為了讓大量的出版品能快速、便宜而有效率地送達書店，各出版社的出版品先集中到經銷商處，統整後再分批配送到書店。

現在有許多出版社仍使用這套物流體系，以將出版品配送到全國書店。具體來說，是由出版社寄送出版品到經銷商，再由經銷商配送到全國的書店。如果有退貨，程序則相反，變成

書店→經銷→出版社的退書途徑。由經銷商安排運送卡車經過各書店配書和退書。

以上是出版品基本的物流程序，而金流呢？出版社將書送到經銷商時，是以本體價格的若干折扣比例賣出，這稱為「批貨（書）折扣」。批貨折扣每家出版社不同，一般來說大公司或老公司的批貨折扣較高，新的出版社較低（批貨幾折一般由經銷商決定）。批貨折扣越高，批貨價格就越高，對出版社越有利。

例如，批貨折扣70%的A公司出貨1000円的書給經銷商，經銷商要付給A公司700円，不過批貨折扣65%的B公司只會得到650円。因此，批貨折扣越高，銷售額越高，對出版經營越有利。

另外，寄售或買斷的批貨折扣也不同。寄售指的是在一定期間內銷售，如果賣不出去就能退貨的條件。相對的，買斷是書店購買，原則上不能退貨。出版社跟經銷商簽約合作時，會決定這些交易條件。定案的批貨折扣，隨著交易狀況有可能再降，但幾乎不會提高，所以一開始要謹慎地和經銷商決定批書

的折扣。

另外，除了批書的折扣，從新書配送到書款支付的時間周期，也因出版社而有所不同。出版之後，經過一定時間，結算賣了幾本書後，經銷商要付款給出版社，一般來說，越大型的公司或老公司，越快收到錢，較受禮遇。

經銷商，是為了讓出版品快速且有效流通而出現的公司，但據說若要和被視為大經銷商的日販或東販展開新的合作，門檻非常高。如果你是暢銷書作家或是暢銷書編輯，也許還行，但如果是沒有充足資金和實際成績的出版界新手，想和大型經銷商合作，現今十分困難。

即使無法在大型經銷商開設新的交易帳號，也能在中小型經銷商開設帳號。還有一些中小型經銷商願意和一人出版社交易，可以和他們討論。委託中小型經銷商打開通路的話，配書是依循出版社→中小型經銷商→大型經銷商→書店的路徑。關於這點，容後說明（參照頁187）。

發書到書店的流程

一般來說，要進入書店的通路，出版社會進行下列程序：

1. 申請 ISBN

所謂的 ISBN，指的是分配給每一個出版品的固定識別碼。少了這個號碼，出版品就無法流通，所以是絕對必要的（號碼的取得方式參考頁63）。

除了紙本，電子書須申請另一組編碼。

https://isbn.jpo.or.jp/index.php/fix__about/fix__about_3/fix__about_32/

2. 登錄 ISBN 和書籍資訊

要讓書籍流通，必須登錄 ISBN 和書籍資訊（頁100）——透過 JPRO 或是經由版元.com 登錄。如此一來，經銷商、書店、出版社就能在網路上看到書籍資訊，從而管理書籍的配送或退書等資訊。

3. 由出版社配書到經銷商或書店

登錄書籍資訊後，才能配書到經銷商或書店。如果是透過經銷商，出版社先寄樣書到經銷商，並在指定日期送貨到指定

的倉庫，之後就由經銷商配送到各書店。直接交易的話，就由出版社寄送到書店。

　　流程如右圖所示。就像右圖中的第6點，和中小型經銷商合作的情況，在出版社和書店之間，經過兩層經銷商（中小型經銷商→大型經銷商），比起只跟一個經銷商合作，折扣率更低，配書發行也更花時間。

　　透過經銷商發行，可以大量而有效率地配送出版品，可是退書也多，會增加出版社的負擔。印刷冊數較少的專業書籍等，因為不需要廣泛發行，所以沒有大量配書的必要。最近不透過經銷商，而使用網路和書店直接交易（右圖中的4）或是Transview（右圖中的5）上通路的出版社也增加了。

　　如此一來，出版品的流通更多元，也有了個人能利用的方式，比起之前，可以說現在的出版環境更能容納一人出版社了。近年，一人出版社的增加，想來也是因為發行通路趨於多樣化的緣故。

出版品的流通方式

1. 取得 ISBN，出版社直接銷售

2. 不取得 ISBN，跟別的出版社借用出版碼（借碼）

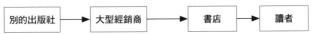

3. 不取得 ISBN，直接銷售給 Amazon（e 託）

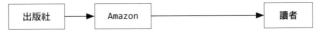

4. 附上 ISBN，直接銷售給書店

5. 附上 ISBN，透過 Transview 的代理經銷上通路

6. 附上 ISBN，透過中小型經銷商上通路

7. 附上 ISBN，透過大經銷商上通路

決定出版品發行方式

即使如此，成立出版社時，必須先考慮好通路問題。就算曾經有在出版社擔任編輯的經驗，一旦開始經營一人出版社，會出現很多莫名所以的狀況。我自己當時也相當迷惘，向很多人尋求建議，找到了適合自己的最好解答。

選擇使用什麼樣的通路，取決於要出版什麼類型的書？會落在什麼樣的價格區間？要發行幾本？以什麼樣的頻率出書？重要的是，選擇適合自己計畫出版的書籍內容和形式的通路。

接下來，會為想進行個人出版的各位，詳細解說各種通路狀況。從比較簡單的方式開始，循序介紹，請思考適合自己的方式。

1 ｜出版社直售（直營網站，辦活動販賣）

　　所謂的出版社直接銷售，就是出版社（出版者）直接賣書給讀者的一種方式。指的是在自家公司的直營網站或是活動會場等直接賣書。在 COMIKE 販賣同人誌也是這類直營方式[25]。因為是直接把書賣給讀者，所以不需要取得 ISBN 或登錄書籍資訊。沒有 ISBN，所以也不需要條碼。可以說是門檻最低、最容易入門的方法。直接販賣方式包括：

▶直營網站

- 出版社網站
- 既有的直營網站

  BASE　https://thebase.com

  STORES　https://stores.jp

▶活動會場

- Comic Market（漫畫展售會）　https://www.comiket.co.jp
- comitia 獨立製作漫畫誌展售即賣會

  https://www.comitia.co.jp

25　COMIKE，即 Comic Market 的簡稱，是全球最大型的同人誌展售會。

- 技術書同人誌博覽會（電腦書等技術書籍）
  https://gishohaku.dev
- 文學跳蚤市場（文學書）　https://bunfree.net

　　另一方面，直接銷售也有缺點。在活動現場面對面賣書，實際管理金錢和書籍都很麻煩，如果是在網路販售，寄書工作無趣又辛苦。自己能夠發奮寄送的範圍還算好的，一旦超乎預期地大賣，可能會面臨一個人追不上寄送工作量的辛勞狀況。

　　另外，沒附上書籍資訊和ISBN的出版品很難檢索，讀者會不知道怎麼購買，也很難在書店販賣。只能在面對面銷售或郵購等自己能掌握的範圍賣書，通路受限，可以說很難大量銷售吧。冊數的話，就是幾百本，最多不到一千本（換句話說，如果能賣一千冊以上，最好考慮別種通路）。可以說，這適合同人誌類的書籍或是藝術類作品集。

▶**優點**
- 出版者不需要登錄和申請ISBN
- 即使是個人也能輕鬆出版

▶**缺點**
- 通路有限
- 寄送和收款很麻煩

2 | 跟別的出版社借用出版碼（借碼）

還有無需申請ISBN，而跟其他出版社借用出版書號（ISBN和出版者代碼，是商業出版之必須）進行出版的「借碼」方式。是透過有出版者代碼的出版社申請一個ISBN，使用該編碼讓書籍發行到書店通路的方法。

這樣的話，你負責書本的製作，而由別家出版社發售。書籍的版權頁會寫著「出版：你的出版社，發行：提供出版代碼的出版社」。我想大家都看過出版和發行是不同公司的狀況，那就是透過借碼方式流通的書籍。

例如，服裝公司想推出時尚雜誌，就要跟有雜誌碼的出版社借用出版者代碼。這時，版權頁會記載「出版：成衣公司名，發行：持有雜誌碼的出版社名」。因為持有雜誌碼的公司不多，所以經常有這種刊登廣告、用雜誌形式出版的借碼情況。

此外，如果無意持續從事出版業，而只是一次限定或是偶爾出版，成立出版社的話，會有庫存管理的倉儲費等成本，所以跟其他公司借碼更為划算。

藝術書也常有以類似借碼的方式出版藝術家作品集的情

況，例如藝術家或藝廊是出版者，其他出版社是發行者的出版方式。藝術家成為出版方，看起來像是個人出版作品集的自費出版，想在知名的美術書出版社出版時，會用這種方式。

借碼的情況，通常書籍的製作費用是出版方（你）負擔。銷售收入因為會進入發行方（借出出版碼的出版社）的口袋，再從發行方回饋一定比例給你。

回饋金額的比例，因借碼的出版社而有所不同，就我所知，就有八成、五成、兩成、一成，是大幅度差異的金額設定。如果能回饋八成，是相當有良心的；一成的話，別說賺錢，甚至製作成本也不能回收。五成的話，稍微能回收工本費吧。另外，書款的結算時間，快的話是發售八個月後，最遲有到一年的。

以這種方式發行出版品，進到出版社的金額很少，不太能有賺錢的指望。可以說，出版社想要持續經營，這個方式是很嚴酷的。如果沒有要持續做出版，或是一開始只想嘗試看看，不期待賺取太多利潤，這種借碼方式也許可行。

▶優點

- 不需取得 ISBN 也能讓書籍廣為流通
- 能委託其他公司銷售和管理庫存

▶缺點

- 不太可能提高收益
- 除非詢問借碼的公司，否則不會知道銷售冊數

3 | 和 Amazon 直接談委賣（e 託）

　　和 1、2 類似，未申請 ISBN 而從事書籍銷售的方式，還有和 Amazon 直接交易，進行販賣。不配送書籍到書店，而透過「e 託」，直接將書出售給 Amazon（也有取得 ISBN，發行至書店通路，同時也和 Amazon 簽訂直接交易合約的）。

　　和 Amazon 直接交易的話，折扣率比書店通路還低，不過優點是銷售額的入帳很快。還有，可以在網路上完成直接交易的申請，能輕鬆上手。

　　如果申請直接交易，就能進入 Amazon 的供應商管理中心頁面。在這裡登記新書以後，就能得到一組叫作 ASIN 的專屬識別代碼，是只屬於 Amazon 的，像是 ISBN。這個號碼用於管理出版品的實際販售冊數和銷售額等資料。

　　順道一提，如果不發行紙本書，只出版電子書的話，也可以申請 Amazon 的 Kindle 自助出版（Kindle Direct Publishing）服務。跟著網站的引導操作，就能上架販售電子書，非常簡單（短版印刷的紙本書也已經可以販售）。

　　另一方面，缺點是 Amazon 的交易條件常常在未經告知的

情況下變更，以及 Amazon 退回出版社的書常有破損。雖然方便，但是交易條件對 Amazon 是更有利的，因此出版社需要有相應的覺悟。

　　由於 Amazon 是僅有的販售管道，行銷上，就只有作者和出版社自己向讀者宣傳，促使他們購買。如果是網路上的知名作者，或者是有特定粉絲的類型，或許使用這個方法進行銷售也不錯。

▶優點

- 可以輕鬆開始
- 和其他通路相比，進帳的時間更快

▶缺點

- 折扣低
- 交易條件會在未經告知下被變更（沒有交涉餘地）

4 │ 直接和書店交易

　　從這裡開始，我會依序說明需要ISBN的通路。為了配書到全國的書店，出版品必須附上ISBN。因為沒有ISBN的話，很難管理出貨和退貨。申請ISBN並不是太困難，可以用頁63說明的方式取得。

　　有了ISBN，即使不透過經銷商，也可以和書店直接交易。這是指出版社直接把書籍送到書店，並結算銷售金額。因為中間不透過經銷商，所以稱為「直接交易」。

　　和書店直接交易，是出版社直接到各書店跑業務，取得訂單。出版社把收到訂單的書和出貨單一起送到書店，銷售結算後寄送請款單，再請書店支付金額。雖然這樣就不需在經銷商那裡開設交易帳號也能在書店通路流通，不過因為寄送請款單和收取書款等都得自己來，工作會相當繁雜。一人出版社要自己做書，還得跑書店業務，十分辛勞，因此有必要聘請外部的人幫忙跑書店業務。

　　換句話說，出版社承擔的是跑書店的業務和行政工作的成本，書店則必須一一處理每個出版社的退書和付款，兩邊都會增加管理工作。

採用這個方式的，似乎大多不是一人出版社，而多半是有好幾位書店業務職員的出版社。或許對一人出版社來說負擔太大了。

　　但是，這個方法可以和其他方法併用，也有只和特定書店直接交易的情形。一般是透過經銷商發行，但如果書店希望直接交易的話，出版社也可以直接送貨，這種型態也很常見。

▶優點

- 不用在經銷商處開設帳號
- 知道在哪間書店賣了多少書
- 強化了和書店的連結

▶缺點

- 出版社和書店的行政作業更繁雜
- 配送的書店僅限於能直接交易的書店
- 只有一個人沒辦法跑書店業務

5 | 委託 Transview 經銷發行

出版社 Transview，為其他出版社提供讓書店訂書並進行配送出貨的直接交易系統。當 Transview 發送書籍到書店時，也一併配送其他出版社的書，運送和行政作業成本由各公司負擔，如此一來提高了效率。Book & Design 也在 2018 年運用這種方法出貨到書店，現在有大約 160 家出版社採取這個方式。

優點是，出版社不需透過經銷商就可以直接發行到書店，書店能迅速收到所訂購的書籍（訂書後兩天便會寄抵），書店的利潤因此增加。因為和書店直接交易的行政手續很繁雜，相對的，Transview 整合了各書店和各出版社的作業程序，更有效率。換句話說，經銷商的角色，由出版社 Transview 代為行使（代理交易），所以能迅速地出貨。

另一個優點是，書店只訂購他們覺得能賣的數量，所以退書率很低。這種方式的平均退書率是一到二成，經銷書自動配書的退書率平均是四成，相較之下，退書率相當低。

不透過經銷商，書店利潤便會提高，所以在我的印象裡，他們更認真地賣每一本書。在經銷商自動配送帶來大量退書（為了高效率的自動配送，書店未訂購的書也會自動送來，造

成退書率增加）成為大問題的現在，這可說是很合理的方法。

另一方面，因為書店未訂購的書籍就不會配送，和經銷商自動進書相較，進書量變少，所以退書也少了。這種方法也許很適合某些出版社——他們多少能預測會下單的書店或可能會買書的讀者群。

用這種方法，能出貨到和 Transview 直接交易的書店、咖啡店、雜貨店等（截至 2022 年的現今，我們大概和 4000 間店直接交易）。希望進貨到其他書店的話，要透過經銷商將條件設定為買斷而不能退貨，或平行採用經銷商通路等不同方式。

關於 Tranview 的代理交易，請參考石橋毅史著，苦樂堂刊行的《直接賣書：激進的出版「直接交易」的方式》。

▶優點
- 能更迅速地出貨到書店
- 比經銷商配書更少退書
- 比經銷商配書更快入帳

▶缺點
- 書店不下訂單就不能出貨
- 未和 Transview 合作的書店就須透過經銷商買斷

- 即使未出新書也須支付每個月的使用費

〔**參考**〕

讓書店向出版社直接訂書的系統也已經登場。用網路訂書，一本就可以成單，使用的出版社和書店持續增加中。

- BookCellar　https://www.bookcellar.jp
- 兒童的文化普及協會　https://b2b.kfkyokai.co.jp/shop/
- 一冊！交易所　https://1satsu.jp

6 ｜透過中小型經銷商發行

從這個階段開始，就是透過經銷商，難度會提高。和經銷商交易必須開設帳號。如同一開始提到的，在大型經銷商（綜合經銷）開設帳號很不簡單，因此一人出版社多在中小型經銷商（專門經銷）開帳號。

日本出版經銷協會的加盟公司，在2020年是18家，其中，被稱作大型經銷商的日販、東販有70%的市占率，其他是中小型經銷商。中小型經銷商主要處理特定領域的出版品，多半是專門經銷，也較會回應和一人出版社的交易。

在中小型經銷商開設帳號，會依循出版社→中小型經銷商→大型經銷商→書店的路徑送書。因為透過兩層經銷，所以比直接透過大型經銷商配書更耗費時間。

一人出版社考慮書籍流通時，現實上應該考慮「5. Transview」或「6. 中小型經銷商」。可以選擇其中之一，也可以兩種都使用。

同時使用這兩種通路的話，也能收到與Transview沒有直接交易的書店的訂單。但是，為了避免物流混亂，要分別製作

Transview和經銷商出貨用的兩種訂貨單，並從不同的倉庫出貨，這增加了出版社的工作負擔。儘管如此，出版一般書籍，想要獲得更多書店訂單的出版社，仍可以併用Transview和中小型經銷商。

無論如何，最好能根據自己公司出版的書籍類型和發行數量，來考慮使用何種流通方式。

▶優點

- 即使未在大型經銷商開設帳號，也可以經由中小型經銷商配書到書店
- 比起和書店直接交易，配書的冊數更多

▶缺點

- 因為透過兩家公司經銷，發行更花時間
- 配書增加，退書也會增加
- 出版社收到款項的時間更久

7 | 透過大型經銷商發行

最後，最難的就是透過日販或東販等大型經銷商的流通方式。如前面說明過的，在大型經銷商開設新交易帳號的門檻很高。聽說如果沒有出版業界有力人士的介紹、過往書籍銷售實績以及充足的資金，會很困難。

透過大型經銷商，發行的冊數會增加，所以如果真的想經營一家成熟的出版社，可以思考這個方式。

▶優點

- 幾乎能把書發行到所有書店
- 比起和書店直接交易，能配送的冊數更多

▶缺點

- 新手很難開始
- 配書增加，退書也會增加
- 出版社入帳很慢

以上是現今可以考慮的書籍流通方式。

Book & Design第一本書用的是「2. 跟別的出版社借用出版碼」的方式，之後就改成「5. 委託Transview經銷發行」了。因為我們發行的是藝術領域的書（專門書），不需要灑水式大量配書，而且因為相較之下書價比較昂貴，所以想以都市地區的書店為主要配書對象。有設計書區的書店不多，所以不用透過經銷商廣泛配送到全國各地。我們認為和書店直接交易就已經很足夠了。實際上，我們也得到專門銷售設計書的書店的訂單，實際開始以後沒有特別大的問題。

和Amazon不是用直接交易（e託），而是透過Transview出貨給Amazon的路徑，這樣可以有比直接交易更好的折扣。但最近購物車關閉（頁143）的現象增加，和Amazon沒有直接交易的出版社，通常不會補充庫存，所以經常出現這種購物車關閉的情況。現在我們是從樂天補充庫存，但重啟購物車功能會花一些時間。

唯一的對策是在Market Place以定價出貨，讓客人能買到書。並不是用了e託就可以安心，可能必須頻繁地補書，而且e託會無預警地變更交易條件。

另外，假設出版社中途改變了之前擇定的通路，相關的行政程序會很繁瑣。例如，一向透過中小型經銷商配書的出版社要全部轉向Transview的話，現今在書店的庫存要全部退回

來，並在書封貼上專用的貼紙，替換成專用的訂書單再重新出貨。退書和重新寄送的行政程序和運費，可能會是不得不的辛苦工程。

所以，最初決定通路時，務必慎重考量。求教出版類似領域書籍的一人出版社，再仔細評估吧。

電子書的流通

第1章說明了電子書的製作方式,這裡說明流通方式。

電子書的流通,分成電子書製作公司兼營通路,以及通路由他家公司負責等情況,或連同通路一條龍作業的,例如第1章介紹的Voyager。此外,還有由不同公司負責製作和通路,自己製作、通路交給別家,以及製作和通路都自己來的情況。

製作紙本書和電子書時,電子書可以藉由連結紙本書的ISBN,登錄書籍資訊[26]。而如果是Amazon的Kindle電子書,則會得到一個叫作ASIN的專門號碼,而不是ISBN。

順道一提,若是紙本書,出貨量扣掉退貨量就是銷售的冊數,電子書因為沒有退書,下載數就是銷售的冊數。可以將下載數量視作實際銷售冊數,結算版稅。Kindle可以從專用頁面,其他公司則可以從電子書通路公司確認實際販售數量。

此外,電子書沒有退書或缺貨的概念,所以一旦上傳資料

26　台灣出版電子書也如同紙本書,是透過國家圖書館「全國新書資訊網」申請EISBN(頁63)。若同時出版紙本書與電子書,部分資料的登錄可以連動帶入。

到平台，就能持續銷售。出版品內容要修正時，也只需替換為修正後的頁面，再重新上傳，買過書的人就能看到更新版本。一旦要暫停販售，就刪除平台上的資料。

最近電子書平台也會打折特價，銷售額頗高。還推出了統計電子書銷售金額和作者版稅的服務 Smart Publishing，該系統對出版社而言越來越方便。

▶販售紙本書和電子書

- Amazon Kindle Store　http://www.amazon.co.jp/
- 樂天 Kobo 電子書商城　https://books.rakuten.co.jp/e-book/
- honto　https://honto.jp/
- yodobashi.com　https://www.yodobashi.com

▶只賣電子書

- BookLive！　https://booklive.jp/
- dbook　https://dbook.docomo.ne.jp

▶電子書版稅計算

- Smart Publishing　https://smartpublishing.jp/

BOX
Book & Design 的情況

在這 BOX 中，我想具體地按時間順序記錄下 Book & Design 成立一人出版社時的準備工作。若能作為接下來想從事一人出版的你們的參考，那就太好了。

1. 蒐集資訊

想成立一人出版社，我的首要之務是蒐集情報。請身邊已在經營一人出版社的人給予詳細的建議，也參加了講演活動。還閱讀了一人出版社社長的經驗紀實和採訪報導的書。這裡列舉那些我參考過的書籍。

- 永江朗，《小出版社的持續方式》（猿江商會，2021）
- 西山雅子，《「一人出版社」的工作方式》（河出書房新社，2015，2021年推出增補修訂版）
- 岡部一郎、下村昭夫，《開出版社的方式》（出版 media bal，2017）
- 島田潤一郎，《明天開始出版社》（晶文社，2014）
- 岩田博，《一人出版社「岩田書院」的後台》（無明舍，2003）

讀了這些書，我意識到，一人出版社因為社長本人的出

身、經歷、工作方式、想做什麼書，會出現很大的差異。很難一以蔽之地說某個發行方式最推薦等，配合接下來想做的書的內容和銷售方法，思考最適合自己的方式，可能比較好。

2. 取得 ISBN

即將開始出版，首先必須取得出版者帳號代碼和ISBN。第 1 章我解說了取得的方式，只要依照日本圖書編碼管理中心網站上的程序申請。申請本身並不是太難，可是需要注意幾點。

首先，作為出版者要登錄時，需要有日本國內的住址和固定的室內電話。因為這些資訊會在網路上公開，所以要登記能公開的資訊。如果以自宅登記，但不願意被公開住址的話，必須特別注意。尤其出於防盜等安全理由，獨居的女性，最好避免公開住址。登錄時原則上不接受虛擬辦公室，所以最好能租用可以登記的共享辦公室或跟認識的人借辦公室地址。另外，手機號碼原則上也不被接受，需要有室內電話。

接下來，是以法人或個人登記。即使不是法人，如果有住址和室內電話，也可以登記為出版者。因為不需要是法人，個人身分也可以從事出版業，像是Book & Design並不是一家公司，而是以個人身分取得了出版者代碼。

最後，日本圖書編碼管理中心會打電話來確認，屆時應如

何回應。在確認電話中，對方會詢問申請者是不是真的有心想從事出版工作，不管能不能持續下去，請務必回答「要」。我認為這是在確認持續出版事業的責任和決心。一旦能證明有意從事出版業，申請即會被受理，通常 2 ～ 3 週內就會發出出版者代碼和 ISBN。

3. 思考通路

取得出版者帳號後，就思索如何發行以及通路管道吧。我在 Book & Design 出版的書，主要是 2000 円以上的專業書籍（設計書），因此認為以都會區的書店和網路書店為主。所配送的店鋪很有限，所以不和經銷商合作，選擇和書店直接交易。我詢問了和書店直接交易的 Transview，請他們和我合作。

其他藝術書的一人出版社也有不和書店直接交易，而是透過中小型經銷商配書的。但想把書籍發行到更多書店的話，透過經銷商比較好。如同前面說明的，後續變更通路的話，會很麻煩，因此謹慎地做出決定吧。

4. 第一本書的準備

決定通路後，就開始以出版社身分準備出版第一本書。把先前取得的 ISBN 分配給第一本書，製作條碼，放在製作中書籍的封底。並用那編碼登錄書籍資料和製作新書預約單。

書籍資料的登錄，採取版元 .com 系統。支付加入版元 .com 的會費後，就能進入專用網站。在該網站填寫新書資料，最後按下登錄按鍵，書籍資料就登記完成。資料會被送到全國的經銷商和書店，包括何時出版，以及出版了什麼樣的書，新書資訊將流通到各地。必須登錄書籍資料，才能配送書籍到書店。

書籍資料登錄，最晚要在出版前一個月完成。如果在出版前夕才進行登錄，會影響經銷商或書店的宣傳。即使定價或內容等有所改變，之後還能更新資訊，所以最好早點登錄。

新書預約單，可以用範本自行製作。雖然也可以用 Transview 或版元 .com 的書店傳真清單，將新書預約單傳真給書店，不過 Book & Design 是大約發行前三個月前，就請經銷商寄送新書預約單到書店。統計訂單，將哪家書店訂了多少數量整理成 Excel 表單，寄到 Transview（現在已經不是 Excel 表單，而是改為將訂單冊數輸入 BookCeller 網站系統的方式）。

5. 配送準備、發行

樣書完成的時候，就準備出貨配送。若是透過 Transview，先出貨到 Transview 指定的倉庫，再寄送到下單的各書店。送至 Amazon 的書，可以從 Transview 透過樂天圖書網配送（和 Amazon 直接交易的出版社，則出貨到 Amazon 的倉庫）。

如果是和經銷商交易，將書出貨到經銷商指定的倉庫，再配送到各書店。之後的物流就由 Transview 或是經銷商進行。Transview 是發行的隔月或三個月後，經銷商則一般是三個月～半年後結算賣出的冊數。

幾個月以後，開始退書，並且有幾個月份，退書會比出貨的冊數更多。一旦退書量大於出貨量，出版社有時反而還要支付退書的錢。無法事先知道有多少退書，這是恐怖之處。剛開始因為發行量大，倉庫庫存不足，趕忙再刷，結果後來退書一口氣回來，導致庫存太多，這種事也曾經發生過。

重複這一系列工作，就是出版社出版書籍的日常。接下來以時間順序統整我出版第一本書的流程。

▶出版第一本書的流程

2017	開始蒐集關於一人出版社的資訊
20017 年年底	申請和 Transview 直接交易，決定通路
2018 年 4 月	取得 ISBN 和出版者代碼
2018 年 6 月	製作新書預約單，開始跑書店業務，加入版元 .com
2018 年 7 月	在版元 .com 網站上登錄書籍資料
2018 年 8 月中旬	樣書完成，在 Amazon 上刊登書籍資訊
2018 年 9 月初	出貨到 Transview 指定的倉庫，寄出要發

	送書店的清單，初次寄送書籍到各書店
2018 年 10 月	付款給作者、設計師、印刷廠等
2018 年 12 月	發售三個月後結算實際銷售數量
2019 年 2 月	首波發行書籍的銷售額，從 Transview 匯
	給 Book & Design。

從書做好到銷售額入帳，是一段漫長的過程，所以這段期間的預備資金很重要。準備成立出版社的，一定要準備好第一本書的製作費＋第一次入帳為止的營運資金。如果第一本書就虧損，直到出版下一本，會持續相當嚴酷的狀態，所以第一本最好推出一定能暢銷的書。

還好，目前 Book & Design 出版的六本書都是賺錢的。我想，針對願意購買我們書籍的讀者群做書，並精簡本數，這樣比較不會失敗吧。

專做出版的話，一年如果未出版好幾本書，就無法提高收益，但 Book & Design 是邊從事其他工作邊經營出版社的斜槓做法，因為覺得這樣可以不過度勉強、不焦慮地持續出版事業。現在每年大概出版一兩本書。

Book & Design 出版的書籍

1.

2.

3.

4.

5.

6.

1. kamijimaakiko、沙羅，繪本《兔子聽到的聲音》（2018）

2. 一切合切東東京製造業HUB，《把「喜歡」的事變成工作的方式：東京下町的創意創業法》（2018）

3. Jost Hochuli，麥倉聖子監修，山崎秀貴譯，《改訂本 Detail in typography：營造易讀的歐文版面的基礎知識與思考方式》（2019）

4. 臼田捷治，《「美書」的文化誌 ── 一百一十年的裝幀系譜》（2020）

5. 小林章，《歐文字體的做法 優美的曲線和舒服的字體排列》（2020）

6. 伊藤俊治，《Bauhaus Hundred 1919-2019 包浩斯百年百圖譜》（發行：牛若丸，發售：Book & Design，2021年）

〔出版流程〕（以 9 月出版為例）

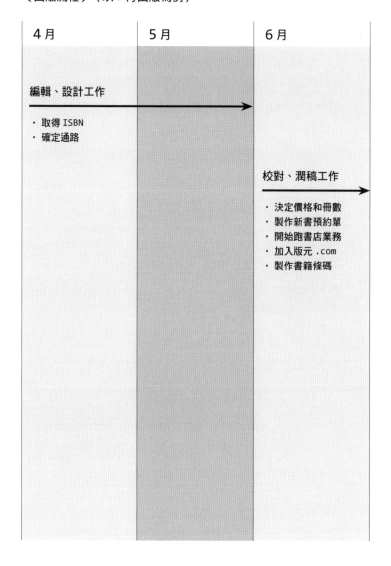

4 月	5 月	6 月

編輯、設計工作 →

· 取得 ISBN
· 確定通路

校對、潤稿工作 →

· 決定價格和冊數
· 製作新書預約單
· 開始跑書店業務
· 加入版元 .com
· 製作書籍條碼

7月	8月	9月

發稿印刷廠排版、
校完
→

· 登錄書籍資料

樣書完成（中旬）
→

· 在 Amazon 上登錄
· 經銷商樣書完成
　（透過經銷商的情況）
· 統整書店訂單

發行（上旬）
→

· 配書到書店
· 出貨到 Transview
　指定的倉庫，寄送到
　書店（和 Transview
　合作的情況）

BOX

圖書館訂書

從全國圖書館來的訂單，是透過圖書館流通中心（TRC）統整後的批量訂單。登錄在出版資訊登記中心的新書資訊流通後，會從TRC送來新書的訂單。新書一旦出貨到TRC，即運送到全國的圖書館。

圖書館會訂購多少數量，根據書籍內容有所不同。比起內容很快過時的書，能被長久閱讀的書籍比較適合圖書館。與裝幀相關的書、圖鑑、百科事典類型的書，圖書館的訂單好像比較多。相反的，有別冊或是讀者可以自行填寫的書籍，圖書館好像會敬而遠之。

圖書館的訂單，因為基本上不會退書，對出版社來說是相當感恩的。我們會早點寄送書籍資訊，也會直接去圖書館跑業務，希望有一定的訂單數目。和勤跑書店一樣，到圖書館跑業務也很重要。

第 **3** 章

一人出版社
的經營

問卷調查

在第 3 章，我寄發問卷給經營一人出版社的同行們，詢問一人出版社的實際情況。也請經營繪本、畫冊、專業書籍等出版社的人們，具體寫下成立一人出版社的緣由、出版書籍的類型和本數、現在使用的流通方法、經營出版社之後的心情。我認為正實際經營公司的人們的真實聲音，應該可以成為正要起步的各位的參考。

我寄到各個公司的問卷調查題目如下：

1. 成立年份及緣由

2. 準備資金

3. 法人或個人

4. 辦公室或自宅

5. 出版書籍類型

6. 一年出版本數，出版新書的頻率？

7. 流通方式（經銷商？ Transview ？直售？）

8. Amazon（e 託？非 e 託？）

9. 跑書店業務的方式（親自上門拜託？傳真？業務代理？）

10. 出版以外的工作（承包校對工作、經營書店等）

11. 至今為止困擾的事，做了應該會更好的事？

12. 給即將開始一人出版社的人的建議

〔協助問卷調查的出版社〕

▶透過經銷商發行的出版社

- Be Nice
- 烏有書林
- 西日本出版社
- 余白舍

▶Transview通路或同時透過經銷商發行的出版社

- 日溜舍
- Kotoni 社
- Mizuki 書林
- Book & Design

我們就從下頁開始依序介紹。

Be Nice ｜杉田龍彥｜東京都港區｜

　　2009 年杉田龍彥在東京都港區開設的公司。出版第一彈是採孔版印刷（risograph），自設立以來謹守「手工製作」原則。2018 年以井上奈奈《變成熊的練習》美篤堂手製本特裝版（5刷），獲得 2018 年世界最美的書本競賽獎銀獎。2020 年 11 月發行的安達茉莉子插畫詩集《送給擁抱著將消逝的光芒而前進的人們》（2 刷），在荻窪的 Title 書店是年度銷售No.1。其他還有繪本《希望的罐頭》（3 刷）、水果聖代溺愛雜誌《聖代沼澤》等。公司名 Be Nice 是從 The Blue Hearts 名曲〈善待他人〉的英文名字「Be Nice」而來。一般社團法人製書協會理事。

http://benice.co.jp/

1. **成立年份及緣由**：2009 年 4 月成立。之前在出版社做的是雜誌編輯，那時很想做跟書本有關的工作。曾離開編輯台一段時間，從事過舞台劇的企畫和製作，製作過程中，發現「讓觀眾看到＝傳達給讀者」這件事對我很有幫助。

2. **準備資金**：200 萬円

3. **法人或個人**：股份公司

4. **辦公室或自宅**：併用

5. **出版書籍類型**：藝術、繪本、飲食

6. **一年出版本數**：兩三本

7. **流通方式**：經銷商（JRC）、直接交易

8. **Amazon**：有 e 託

9. **跑書店業務的方式**：自己去跑、傳真、參加書商會

10. **出版以外的工作**：經營網路商店

11. **至今為止困擾的事，做了應該會更好的事**：這樣的經驗發生過好多次，之前遇見還沒沒無名的作者，雖然知道對方很有才華，但我無法好好提出企畫邀約，幾年後，那位作者陸續創作出好作品。很遺憾當時未能積極地更進一步。

12. **給即將開始一人出版社的人的建議**：不要追逐流行。不要只是安全、保險地做書。

    要不斷思考怎麼把書賣出去，不惜一切持續努力。

    要珍惜書店，包含獨立書店。

    比起獨自傳遞訊息，如果有人能幫忙分享書訊，那一定能散播得更遠。

    最重要的是，要珍惜自己身邊的人，每天都要微笑。

烏有書林 ｜上田宙｜千葉縣千葉市｜

上田宙於2008年成立。出版過石川桂郎《剃刀日記》、皆川博子《佩格索斯的輓歌》等文學書籍，高岡昌生《歐文排版》（增補改訂版）、《高岡重藏 活版習作集》等印刷與字體專書。本來讀文學部，主修近現代文學，因為興趣是「文學」和表達文學的「文字」，所以做出上述的成果。

https://uyushorin.com/

1. **成立年份及緣由**：2008年成立。在針對研究者族群的復刻資料出版社擔任業務工作、在印刷主題專業書籍出版社當過編輯之後，想專心於書籍編輯，於是設立了烏有書林。在之前的公司，大部分工作都是為雜誌寫文章，但寫東西太痛苦，所以也想嘗試做印刷主題以外的書。此外，開一人出版社也是因為不擅長團隊合作。所以沒有什麼可以特別提出來的遠大志向。

2. **準備資金**：600萬円

3. **法人或個人**：法人

4. **辦公室或自宅**：自宅（最初借了辦公室，但因為經營困難，三年前開始把自宅當作辦公室）

5. **出版書籍類別**：文學和文字（字體）的書

6. **一年出版本數**：1本

7. **流通方式**：經銷商（八木書店新書經銷部）

8. **Amazon**：沒有直接交易，而是透過經銷商

9. **跑書店業務的方式**：遠的話透過傳真，也會拜訪附近書店

10. **出版以外的工作**：會接其他出版社的編輯、校對、排版、裝幀等工作。也是大學講師

11. **至今為止困擾的事，做了應該會更好的事**：一開始和熟人一起集資創業，但那個人很快就跟我說「我被現在任職的公司挽留，所以不辭職了。不好意思，你一個人做吧。」我很驚訝，我其實只想做書，但所有工作都得一個人來了。很幸運有其他工作夥伴幫忙，才可以撐到現在。

12. **給接下來要開一人出版社的人的建議**：對於出版的所有工作，一個人全部做好是不可能的，所以在各個領域（編輯、業務、印刷、裝訂、設計等），如果有信任又能輕鬆討論的專業朋友（擅長又足以信任的人），會比較安心。

西日本出版社　｜內山正之｜大阪府吹田市｜

　　在出版社做了20年業務後，於吹田成立。以「有戶籍的書」為主題，一年大概出版8本跟西日本有關的書。編輯方針是忠於原文，以及所有人都能閱讀的書。出版了《想閱讀的萬葉集》、《讀得懂的古事紀》、《讀得懂的日本書記》。《瀨戶的島嶼旅行》和《周遊》等以在地人士為主體的旅行書。311大地震之後，當大家都只關注東京電力核電廠，我和關西地區的報導者們做了檢驗關西核電廠的《關西電力與核電》一書。也重視飲食文化，製作了「超麵通團」、「獺祭」和「我迷上的美味店家」等專題。

http://www.jimotonohon.com

1.　**成立年份及緣由**：2002年4月10日成立。剛從學校畢業進入出版公司時，看到在企畫會議後做出要出版什麼書籍的決定，領悟到「要做想做的書的話，就只能自己開出版社了」，不過直到20年後才實現了這個想法。出版社的初衷是和平與民主。偶然的相遇召喚了更多的相遇，開始做書之後，我自稱是「交友系出版社」。

2.　**準備資金**：300萬円

3.　**法人或個人**：法人

4.　**辦公室或自宅**：在朋友的出版社倉庫一角創業。現在有辦

公室

5. **出版書籍類別**：西日本的書

6. **一年出版本數**：8本

7. **流通方式**：經銷商（日販、東販等）

8. **Amazon**：直接交易（e託）

9. **跑書店業務的方式**：主要是親自拜訪，也會用傳真和電子郵件與書店以及經銷商分店交換情報，也請原經銷幫忙跑一部分業務

10. **出版以外的工作**：專職商業出版

11. **至今為止困擾的事，做了應該會更好的事**：有很多煩惱的事，但是沒有特別想到做了會更好的事。

12. **給接下來要開一人出版社的人的建議**：無論如何，想到的事，在意的事，就全部做做看。另外，就是不要小氣。最好能勤跑書店喔。賣書也是，書店店員擁有很多能將書中意念傳達給讀者的技巧。

余白舍　｜小林惠美｜東京都府中市｜

2019年，小林惠美在東京設立，經手人文、社會、藝術類書籍的出版社。主要發行的書籍有《AHIRU LIFE.》（SANAE FUJITA）、《YOUTHQUAKE》（NO YOUTH NO JAPAN）等。
https://www.yohakushapub.com/

1. **成立年份及緣由**：因為想做自己也能肯定的書。
2. **準備資金**：50萬円
3. **法人或個人**：法人
4. **辦公室或自宅**：店鋪兼辦公室
5. **出版書籍類型**：人文、社會、藝術
6. **一年出版本數**：2本
7. **流通方式**：經銷商（鍬谷書店）
8. Amazon：Market Place
9. **跑書店業務的方式**：傳真、郵寄
10. **出版以外的工作**：書店
11. **至今為止困擾的事，做了應該會更好的事**：身體不好的時候，工作只能暫停。一人出版社因為只有獨自一人，自己動不了，所有事情會馬上停擺。
12. **給接下來要開一人出版社的人的建議**：一開始的決定因素是，能不能以一人出版社維持生計。如果以謀生為前提從

事出版工作，就像我在上一題「困擾的事」裡也提到的，要把健康狀況不佳等風險也算進去，再規畫安排自己的生活。如果感覺很困難的話，不是放棄，而是設想更多元的形式，譬如能不能將其當作副業或愛好興趣。

如果是之後要創業的人，首先要注意事業所在地的問題。有很多人會把公司設在自宅，不過如果是租賃的房子，地址可能無法作為商業用途。舉個極端的例子，書籍版權頁所記載的住址，如果是不能作為商業使用的，出版發行後被房東發現，會被強迫遷離，屆時聯絡地址就會突然改變（期間寫著原有住址的書籍還在流通）。請詳實地考慮影響生活的各種可能性。

日溜舍 ｜中村真純｜東京都八王子市｜

　　日溜社，出版的主題定調在和平、生命、幸福，是繪本編輯中村真純在 2018 年 8 月成立的繪本和童書出版社。

http://hidamarisha.com

1. **成立年份及緣由**：在繪本專門出版社工作之後，經歷生產和育兒的 16 年，又重新回到出版社擔任編輯。想要更切實地面對讀者，一本一本地製作出自己能接受的書，再鄭重地交給讀者，這種心情越來越強烈，所以選擇了能以自己步調從事出版工作的一人出版社。

2. **準備資金**：250 萬円

3. **法人或個人**：個人公司

4. **辦公室或自宅**：自宅兼辦公室

5. **出版書籍類型**：繪本、童書

6. **一年出版本數**：一年平均 3 本

7. **流通方式**：Transview、經銷商（鍬谷書店）、兒童文化普及協會、直接交易

8. **Amazon**：沒有直接交易。請經銷商確認庫存

9. **跑書店業務的方式**：以拜訪專門書店為主。但疫情期間幾乎無法上門跑業務，主要透過傳真、訊息、網路討論。

10. **出版以外的工作**：外包編輯。同時在父親的餐廳幫忙，獲

取一些報酬。

11. **至今為止困擾的事，做了應該會更好的事**：專心編輯工作的話，會無法顧及業務，我覺得做書和賣書很難兼顧。做書之前，最好某個程度能知道怎麼賣，除了編輯製作，銷售的流程也很重要。

12. **給接下來要開一人出版社的人的建議**：人脈是寶藏。除了與出版相關的緣分，建議也珍惜和同業的連結。一人出版社的好處是所有決定是自己可以衡量的，但一旦想和人討論時，有時不太找得到人。如果有能討論的同業夥伴，會很放心。日溜舍因為只做出版，銷售上還沒有獲利，所以是同時做很多其他工作的出版社。在上軌道之前，如果有其他收入，會比較安心。

Kotoni社 ｜後藤亨真｜千葉縣船橋市｜

　　後藤亨真從事人文類書籍編輯工作十年後，2019年成立。一邊想著要軟化人文書本來的生硬形象，一邊花功夫提供讀者更紮實的書籍。既講究裝幀，又希望能在容易和讀者取得溝通的時代，做出實用的書本。主要出版著作有《「家庭料理」的戰場》、《未來派》、《世界裁判放浪記》等。

　　https://kotonisha.com

1. **成立年份及緣由**：在開業以前，從事和一般讀者有著距離感的艱澀人文書的編輯工作，所以希望能做出稍微靠近讀者的特殊人文書籍。但說實話，並不是在有邏輯、有計畫、又有長遠的視野下成立公司，而是憑著直覺、衝動以及一時的衝勁下走到了這裡。

2. **準備資金**：200萬円

3. **法人或個人**：個人（計畫法人化）

4. **辦公室或自宅**：自宅

5. **出版書籍類別**：以人文書為主但不執著

6. **一年出版本數**：4本（次年預計發行5本）

7. **流通方式**：直接交易是Transview，經銷商是八木書店（透過八木書店所有的經銷盤商均可下單）

8. **Amazon**：沒有使用e託

9. **跑書店業務的方式**：主要是傳真（想要更勤於跑書店）

10. **出版以外的工作**：大學兼任講師

11. **至今為止困擾的事，做了應該會更好的事**：一路上磕磕碰碰才來到這裡，所以有很多「當初如果那樣做就好了」的事。然而硬要說的話，我想「準備資金」如果有300萬円就好了。開業後，一直到出版發行新書的半年左右，完全沒有收入，所以如果有這個數字可能會比較好。

12. **給接下來要開一人出版社的人的建議**：做書，就是要在一人出版社進行。「想做」的人，不妨挑戰看看。在公司組織中體驗不到的做書魅力和苦惱都在這裡了。編輯工作自然不必說，業務、管理等都是自己一個人。另外，我不租借辦公室，以自己家裡的一個房間充當編輯室，一開始就徹底削減掉做書以外的成本。

Mizuki 書林　　｜岡田林太郎｜東京都澀谷區｜

　　一人出版社。負責人岡田林太郎。在人文系中堅出版社工作16年後獨立創業。主要作品有《馬歇爾，父親的戰場》、《為何描繪戰爭？》（大川史織編）、《亞瑟王如何在日本被接受並且君臨次文化世界》（岡本廣毅、小宮真樹子編）、《這個世界的景色》（早坂曉著）等。也經手定期刊物、Zine等。

https://www.mizukishorin.com/

1. **成立年份及緣由**：①在上一個工作擔任管理職，強烈希望自己與工作方式能改變。②有想要仔細地編輯、對自己來說重要的企畫。③正值即將步入40歲的時候。因為這幾個因素的疊合，在2018年走上創業之路。

2. **準備資金**：500萬円

3. **法人或個人**：法人（股份公司）

4. **辦公室或自宅**：自宅公寓的一室作為辦公室使用

5. **出版書籍類型**：人文書（歷史、文學等）

6. **一年出版本數**：5本

7. **流通方式**：Transview、經銷商（八木書店）

8. **Amazon**：沒有直接交易也沒有市場

9. **跑書店業務的方式**：以傳真為主。自己也會上門拜訪，但那不是我擅長的工作類型，也不覺得很有效率。

10. **出版以外的工作**：外包編輯、大學兼任講師

11. **至今為止困擾的事，做了應該會更好的事**：創業第4年生了重病，不得不重新思考未來。雖然早就知道一人出版社的重大挑戰是難以為繼，但沒有預料到這麼早就成為具體問題。就算出版社不在了，我也希望已經發行的書籍能保留下去，現在是2022年，我和出版同業夥伴談過，正在摸索即使出版社不在了也能購買這些書籍的途徑[27]。

12. **給接下來要開一人出版社的人的建議**：一人出版社不是一個人的事。作者、設計、印刷、裝訂、經銷、書店、同業……，你和這些做書賣書的人有連結嗎？如果你身邊有這些人，能在腦海中浮現出這些具體的臉孔和名字，一開始的準備就算OK。

27　岡田林太郎先生 2023 年 7 月因病過世，得年 45 歲。著有《我記得：40 歲罹癌，一人出版社的 1908 天》。

Book & Design ｜宮後優子｜東京都台東區｜

在《設計現場》、《Typography》等設計專門雜誌擔任過總編輯的宮後優子在2018年成立的藝術書籍出版社。出版重視裝幀的藝術書籍和繪本，以及與裝幀和字體有關的設計書等。重要出版書籍有《兔子聽到的聲音》、《「美書」的文化誌──一百一十年的裝幀系譜》、《歐文字體的做法：優美的曲線與舒服的字體排列》等。

https://book-design.jp/

1. **成立年份及緣由**：除了家族事業，我還身兼好幾個工作，也因此從之前上班的出版社離職。想要出版在一般出版社很難發行的特殊製作的少量書籍，和設計相關的翻譯書。2018年開始，一個人開設出版社和藝廊。

2. **準備資金**：300萬円

3. **法人或個人**：個人

4. **辦公室或自宅**：辦公室

5. **出版書籍類型**：藝術書（設計、美術）

6. **一年出版本數**：1～2本

7. **流通方式**：Transview

8. **Amazon**：沒有直接交易（e託），在 Market Place 銷售

9. **跑書店業務的方式**：外包（委託 Book Town Traffic）

10. **出版以外的工作**：家族事業、撰文和編輯工作、藝廊、租賃空間、設計學校教師

11. **至今為止困擾的事，做了應該會更好的事**：2020年4、5月發行了新書，但因COVID-19緊急事態宣言的影響，Amazon購物車被關了三個月。後來購物車也經常被關閉，雖然很苦惱，可是沒有改善，我幾乎已經放棄了。處理方式是在Market Place上架新書。

12. **給接下來要開一人出版社的人的建議**：成立一人出版社，適合讀者群穩定、高定價的專業書籍，或是不會被潮流左右、能細水長流、大型出版社不會出版的書籍。對我而言，因為除了出版，也從事其他副業以分散風險，所以能出版想出的書。為了穩定且持續地從事出版活動，建議不要過度勉強，要找到適合自己的方法。

各出版社的問卷結果如何呢？介紹的八家公司，前四家是透過經銷商、後四家是委託 Transview 或是兩者兼用。從中可以知道根據各自所出版書籍的類型、背景經歷、工作風格等，行動內容也各自不同。每家出版社都大不相同，強烈地反映了負責人的背景和個性。或許也因此，創造出其他地方所沒有的獨特書本。

　　最近，除了出版書籍，兼營書店的出版社也變多了。因為擁有自己的店面，能直接感受顧客反應和書籍銷售狀況，這也是經營書店的優點。而因為開設書店，可以和在地人創造更多交流，也能直接傳達出版社的訊息。很久以前，日本出版社也經營書店，所以出版社開立書店可以說是回歸原點的嘗試。

　　除了經營出版社，書店、咖啡店、商店、演講活動或舉辦工作坊等，與其他類型工作合作的例子也很常見，例如舉辦展覽、出版在會場銷售的圖錄等出版以外的多元活動。配合各種企業的經營，可說是小規模出版才能做到的吧。另外，很多出版社開始在東京以外的地區成立，扎根於在地社區的活動正增加中。

〔小規模出版的現狀〕

雖然在問卷調查中沒有提及，但是也有中途改變發行方式而停止出版活動的。行不通的時候就隨機應變，這也是小規模出版社的好處。我自己也是從不斷地嘗試與錯誤中，尋找適合自己的行動方式。

加入 Transview 的出版同業會，向書店發送傳單並交換情報，或在版元 .com 出版群組（mailing list）上分享所遇到的問題，出版社同業也很積極地共享資訊。直到現在，還有其他出版社朋友們對我提出建議，我們持續摸索出更好的方式。因為也會有「之前都還好，但最近規則改了」的事發生，所以一定要蒐集最新資訊。成立出版社並不是句點，仍必須時時更新。

〔關於隱私和事業的繼承〕

雖然沒有記載在個別的問卷上，但也詢問了較隱私的問題。因為我認為家庭組成和財務狀況也大為影響出版社的活動內容。以下僅顯示統計結果。

· 有沒有扶養家人　有：2　無：6
· 有沒有共同負擔生計的家人　有：8　無：0

- 需要負擔房租　　是：5　否：3

　　所有出版社的共同點是，有能夠共同承擔生計的家人。一人出版社如果陷入不能工作的狀態時，馬上會發生營運困難，有能一起負擔家計的家人，會是重要的支持。萬一發生什麼事，有能倚賴的家人，精神上也會比較放鬆。

　　在一人出版社，自己可以決定所有的事；然而自由的另一面，是必須獨自做所有事的苦楚。一旦自己倒下了，一切就結束了，所以如果有除了自身以外，能掌握日常工作的人，會很安心。雇用每天來協助的人手，在經濟上可能會很辛苦，但最好能確定需要時有人可以幫忙吧。還有兩個人共同經營、而不是一人的情況，過程中也有不順遂的時候，所以最好不要輕易創業較好。

　　這次參與問卷調查的，是四十幾歲到六十幾歲的夥伴。現在談到這事可能為時過早，但如果自己不在了，之後該如何是好？還有公司繼承的問題。讓誰承接公司？以及如果決定結束，要怎麼結束呢？這問題也不得不思考。

關於這個問題，我是有點樂觀的。因為只要書還在，就能把作者和書籍託付給其他有心的出版社。即使絕版了，幾十年後再復刻，或許也可以修訂成符合那時代需求的書。不管如何，只要做成了書，就能傳承給下個世代吧。

〔今後的小規模出版〕

方便一人出版的系統機制已經出現，單兵也容易從事出版事業的環境逐漸成形。今後小規模出版應該會越來越多，將出現許多不遜色於現有出版社的書籍，以及沒那麼好的書籍，良莠不齊的跨度應該會頗大，選書範圍也會更加寬廣。除了市場機制下看似能暢銷的書，基於個人強烈心念而誕生的書籍也能在同一個賣場展示，這比較健全吧。小規模出版遍地開花，我希望今後這種多元性可以更加拓展。

相關網址清單 [28]

▶主要的 POS 資料庫

- KINOKUNIYA PubLine（紀伊國屋書店）
  https://publine.kinokuniya.co.jp/publine/
- POSDATA　うれ太（丸善淳久堂書店）
  http://www.junkudo.co.jp/

▶出版合約

https://www.jbpa.or.jp/publication/contract.html

▶尋找設計師

- 日本圖書設計家協會　https://www.tosho-sekkei.gr.jp
- Bird Graphics Book Store　https://www.bird-graphics.com

▶申請 ISBN

- 日本圖書編碼管理中心
  https://isbn.jpo.or.jp/index.php/fix__get_isbn/

28　本書所列部分網址，日本境外讀者須透過 VPN 連線進入網站。

▶條碼製作網站

- 條碼製作處　http://barcode-place.azurewebsites.net
- 印刷郵購的「新書預約單範本」圖版

  http://www.graphic.jp/download/templates/35/

▶內頁用紙厚度一覽

- https://kyobasi.co.jp/kamiatsu/

▶校對

- 鷗來堂　https://www.ouraidou.net
- 聚珍社　https://shuchin.co.jp/
- 共同制作社　https://www.kyodo-de.com

▶翻譯

- TranNet　https://www.trannet.co.jp
- SIMUL International　https://www.simul.co.jp

▶書籍資料登記

- 版元 .com　https://www.hanmoto.com
- JPRO（JPO出版資訊登記中心）　https://jpro2.jpo.or.jp

▶特殊紙

- 竹尾紙業　https://www.takeo.co.jp/
- 平和紙業　https://www.heiwapaper.co.jp

▶內頁用紙、紙板

- 京橋紙業　KYOBASHI紙展示室

  https://kyobasi.co.jp/paper_sr/showroom.html
- 日本製紙集團　御茶之水紙展

  https://www.nipponpapergroup.com/opg/access/index.html
- 大和板紙　設計師套件

  http://www.ecopaper.gr.jp/ed/designer.html

▶印刷

- 山田寫真製版所　https://www.yppnet.co.jp
- 東京印書館　https://www.inshokan.co.jp
- 藤原印刷　https://www.fujiwara-i.com
- iWORD　https://iword.co.jp
- SunM Color　https://www.sunm.co.jp

▶燙金

- 宇宙科技　https://commercial-printer-720.business.site/

▶軋型

- 東北紙業社　http://tohoku-shigyosya.co.jp

▶一般加工

- 篠原紙工　https://www.s-shiko.co.jp
- 福永紙工　https://www.fukunaga-print.co.jp

▶機器裝訂

- 松岳社　http://www.shogakusha.co.jp
- 渡邊製本　https://www.booknote.tokyo

▶手製書

- 美篶堂　https://misuzudo-b.com

▶電子書相關公司

- VOYAGER（製作＋電子經銷）https://www.voyager.co.jp/
- DNP Media Art（製作）

+MobileBook.JP Inc.（電子經銷）

https://www.dnp.co.jp/group/dnp-mediaart/

https://mobilebook.jp/

- Smart gate（製作） https://smartgate.jp/

▶主要直營網站

- BASE https://thebase.com
- STORES https://stores.jp

▶代理公司

- Tuttle-Mori Agency https://www.tuttlemori.com
- 日本 Uni Agency https://japanuni.co.jp
- CREEK & RIVER https://www.cri.co.jp/index.html

▶海外書展

- 法蘭克福書展 https://www.buchmesse.de/en
- 倫敦書展 http://www.londonbookfair.co.uk
- 波隆那童書展
  https://www.bolognachildrensbookfair.com/home/878.html
- 哥特堡書展 http://goteborg-bookfair.com

▶經銷商

- Idea Books　https://www.ideabooks.nl/
- Art Data　https://artdata.co.uk
- 日販 IPS　https://www.nippan-ips.co.jp

▶訂購書籍

- BookCellar　https://www.bookcellar.jp
- 兒童的文化普及協會

  https://b2b.kfkyokai.co.jp/shop/default.aspx
- 一冊！交易所　https://1satsu.jp

▶電子書商店

販售紙本和電子書

- Amazon Kindle Store　http://www.amazon.co.jp/
- 樂天 Kobo 電子書商城　https://books.rakuten.co.jp/e-book/
- honto　https://honto.jp/
- Yodobashi.com　https://www.yodobashi.com

只賣電子書

- BookLive!　https://booklive.jp
- dbook　https://dbook.docomo.ne.jp

▶電子書版稅計算

- Smart Publishing　https://smartpublishing.jp

▶一人出版社

- Be Nice　http://benice.co.jp/
- 烏有書林　https://uyushorin.com/
- 西日本出版社　http://www.jimotonohon.com
- 余白舍　https://www.yohakushapub.com/
- 日溜舍　http://hidamarisha.com
- Kotoni社　https://kotonisha.com
- Mizuki書林　https://www.mizukishorin.com/
- Book & Design　https://book-design.jp/

參考文獻

- 《開出版社的方法：教科書》
  （岡部一郎、下村昭夫，出版媒體吧，2017）

- 《開小出版社的方法》（永江朗，猿江商會，2016）

- 《小出版社的持續方式》（永江朗，猿江商會，2021）

- 《「一人出版社」的工作法》
  （西山雅子，河出書房新社，2015，增補改訂版，2021）

- 《明天來開出版社》
  （島田潤一郎，晶文社，2014，筑摩文庫，2022）

- 《一人出版社「岩田書院」的後台》
  （岩田博，無明舍出版，2003）

- 《直接賣書：激進的出版「直接交易」的方式》
  （石橋毅史，古樂堂，2016）

- 《HAB：書與流通》（HandScompany，2016）

- 《簡單易懂的出版流通實務》（松井祐輔，H.A.B，2021）

- 《標準 編輯必攜 2 版》
  （日本編輯學校編，日本編輯學校出版部，2002）

- 《設計現場 Book：印刷與紙》
  （設計現場編輯部，美術出版社，2010）

- 《「美書」的文化誌──一百一十年的裝幀系譜》
  （臼田捷治，Book & Design，2020）

- 《設計現場 no.110：用印刷顯出差異的製版訣竅》
  （設計現場編輯部，美術出版社，2000）

- 《設計現場 no.123：印刷名人35人 重要的工作想交給這
  位！》（設計現場編輯部，美術出版社，2002）

- 《設計現場 no.129：特殊印刷加工・指導手冊2003》
  （設計現場編輯部，美術出版社，2003）

- 《設計現場 no.130：想做書！！》
  （設計現場編輯部，美術出版社，2003）

- 《設計現場 no.148：選紙ABC》
  （設計現場編輯部，美術出版社，2006）

- 《設計現場 no.167：接下來的書籍做法》
  （設計現場編輯部，美術出版社，2009）

- 《做書就看這個：編輯・設計・校對・DTP做版的KNOW
  HOW集 新版》（下村昭夫、荒瀨光治、大西壽男、高田信
  夫合著，出版媒體吧，2020）

- 《讀了就懂的出版流通構造 2021-22年版》
  （出版媒體吧，2021）

- 《出版業務手冊（基礎篇）：變化的出版界及今後的銷售戰
  略 改訂2版》（岡部一郎，出版媒體吧，2017）

- 《出版業務手冊（實踐篇）：老出版社的奧義，中堅出版社

的挑戰和銷售戰略 改訂 2 版》
（岡部一郎，出版媒體吧，2017）

- 《編輯設計入門：為編輯、設計師寫的視覺表現入門 改訂 2
  版》（荒瀨光治，出版媒體吧，2015）

- 《書本知識——獻給關心書籍的所有人！》
  （日本編輯學校編，日本編輯學校出版部，2009）

- 《文字排版入門 2 版》（MORISAWA、日本編輯學校編，日
  本編輯學校出版部，2013 年）

- 《編輯設計的教科書 4 部》
  （工藤強勝著，日經設計編，日經 BP 社，2015）

- 《設計解剖新書》
  （工藤強勝審訂，Works Corporation，2006）

- 《發稿資料的製作法：CMYK4 色印刷・特殊色雙色印刷・
  名片・明信片・同人誌・商品類》
  （井上 NOKIA，MdN Corporation，2018）

- 《可愛的印刷男孩》（奈良裕己，ONE 出版，2021）

結語

感謝你讀到這裡。對想要從事出版的人，不知本書是否有所助益。

有許多經驗豐富的前輩在前，寫作這樣的內容實在是冒昧，但是，因為最近有很多人來找我討論個人出版，也有講座邀約，所以決定把內容整理成書。本書的基礎是，2020年起在青山Book Center本店的青山Book School舉辦的「為了想開始出版的創意人的一人出版講座」所談的內容。從書的做法到賣法，整理了開始出版工作時必要的實務工作。網路上雖然有很多的零星資訊，但很少將出版實務統整成書，希望本書能成為有志出版者的參考。

為Book & Design所出版的《「美書」的文化誌 ——一百一十年的裝幀系譜》策畫演講活動的余白舍小林惠美女士，編輯了這本書。而演講時一同出席、負責印刷《「美書」的文化誌》的藤原印刷公司藤原章次先生，接受這本書的印製委託。書籍設計師是守屋史世女士。校對方面，我終於邀請到牟田都子女士。我很高興能得到持續製作美書的各位的力量。

感謝在我開始一人出版時，給予我指點的出版社和書店。

如果沒有各位的建議，我想我不可能開啟事業的。在此，也要對我這三十多年來，在幾家出版社從事編輯工作時，照顧過我的出版界、設計界的諸位致上謝意。

接著，我想感謝拿著這本書，讀到最後的各位。我想大家讀了以後會有各種感想吧——「出版業好像很辛苦」「也許我也可以做出版」。如果本書能給各位在做書這件事盡到微薄之力，那就太好了。

2022 年 7 月

宮後優子

YLM42

一人出版：做自己想做的書，從企畫、編輯、印製到行銷的完全指南
ひとり出版入門　つくって売るということ

作　　者／宮後優子
譯　　者／高彩雯

主　　編／蔡昀臻
美術編輯／丘銳致
行銷企劃／沈嘉悅
封面設計／廖韡設計工作室
校　　對／丁名慶
總 編 輯／黃靜宜

發 行 人／王榮文
出版發行／遠流出版事業股份有限公司
地址：104005 台北市中山北路一段 11 號 13 樓
電話：（02）2571-0297　傳真：（02）2571-0197
郵政劃撥：0189456-1
著作權顧問／蕭雄淋律師
輸出印刷／中原造像股份有限公司
2024 年 8 月 1 日　初版一刷
定價 400 元

ISBN　978-626-361-698-1
YL-遠流博識網 http://www.ylib.com E-mail: ylib@ylib.com

HITORI SHUPPAN NYUMON：TSUKUTTE URU TO IU KOTO
Copyright © 2022 Yuko Miyago
All rights reserved.
Originally published in Japan in 2022 by Yohaku-sha
Traditional Chinese translation rights arranged with Yohaku-sha through AMANN CO., LTD.

國家圖書館出版品預行編目 (CIP) 資料

　一人出版：做自己想做的書，從企畫、編輯、印製到
行銷的完全指南 / 宮後優子作；高彩雯譯 .-- 初版 .
-- 臺北市：遠流出版事業股份有限公司, 2024.06
　　面；　公分
　譯自：ひとり出版入門：つくって売るということ
　ISBN 978-626-361-698-1(平裝)
　1.CST: 出版學

487.701　　　　　　　　　　　　　　113006059

U0017732